섀시 는 이렇게 되어있다

사와타리 쇼지 / GP기획센터 · 原著

(주)엔지비 · 編譯

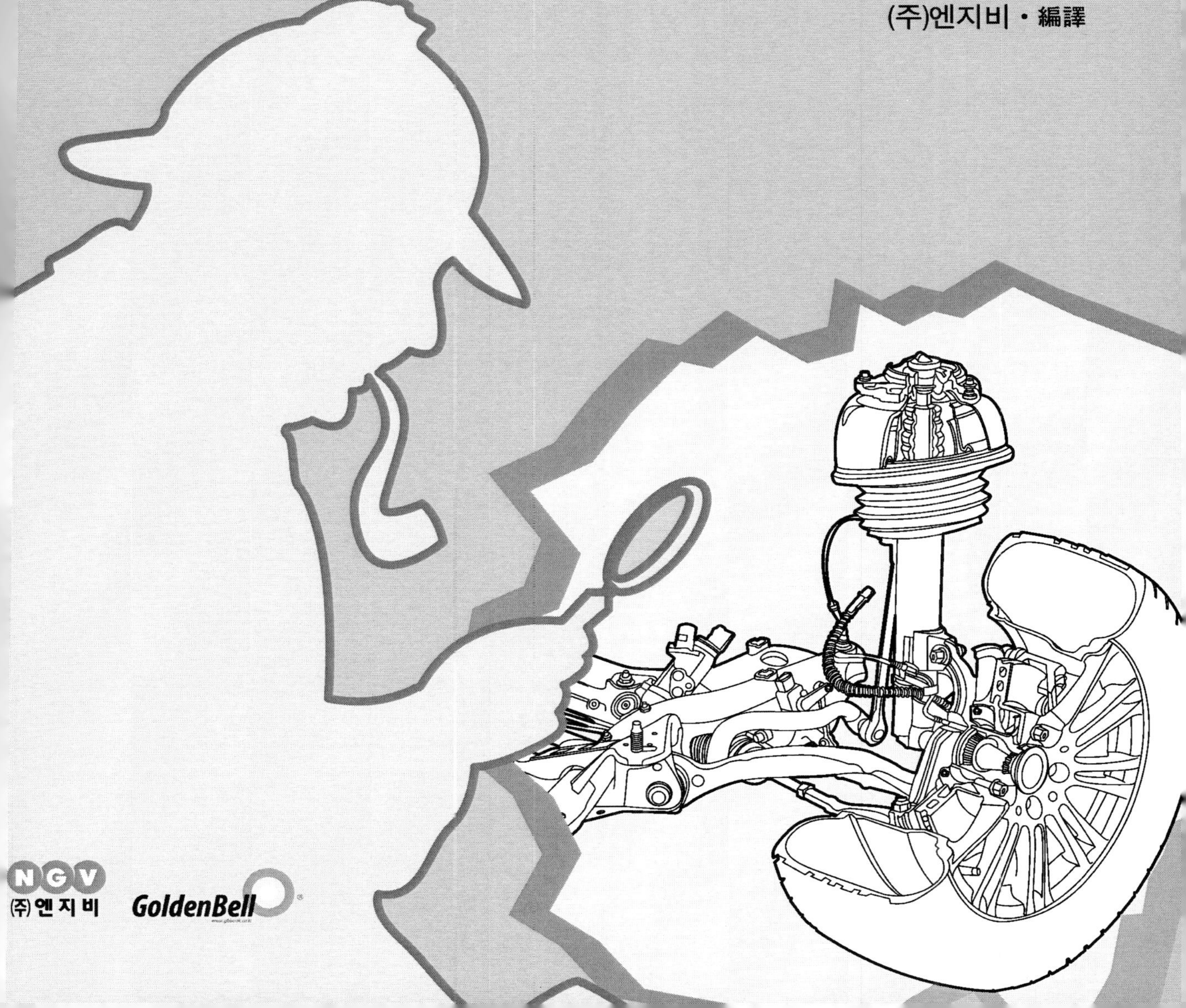

NGV
(주)엔지비   GoldenBell

クルマのシャシーはこうなっている（自動車メカ絵解きシリーズ）

머·리·말·

섀시는 차대(車臺)라고 해석되며, 넓은 의미로는 자동차에서 바디, 즉 차체를 제외한 모든 부분을 말한다. 이것은 자동차의 대량생산이 시작된 후 오랜 기간, 골격이 되는 프레임에 엔진부터 타이어까지, 주행을 위해 필요한 장치를 모두 조립하여 마지막에 차체를 올리고 내외장을 더하여 완성차를 만들어내는 과정을 바탕으로 한 것이다.

그 후, 승용차의 대부분은 프레임이 없는 모노코크 구조로 만들 수 있게 되어, 주행을 위한 장치는 모두 바디에 직접 설치할 수 있게 되었다. 현재는 '섀시'라고 하면, 자동차에서 바디 및 엔진, 파워트레인을 제외한 서스펜션, 타이어, 스티어링, 브레이크 등으로 구성된 부분을 가리키게 되었다.

자동차의 섀시는 마차의 차대에서 시작되어, 항상 엔진과 병행하여 개발이 진행되어 왔다. 아무리 엔진 출력이 향상되어도, 그 힘이 타이어에 전달되어 자동차가 보다 빠르게 앞으로 전진하고, 운전자의 뜻대로 회전하고 멈추지 않으면 의미가 없다. 엔진의 성능과 섀시의 성능이 함께 좋아져야 자동차의 성능은 향상되는 것이다.

본 기획센터에서는 앞서 『엔진은 이렇게 되어있다』를 출판하여, 자동차를 사용하는 데에 엔진에 대해 적어도 이것만은 알아 두는 것이 좋을 것이라고 생각되는 테마에 초점을 맞추어 해설을 시도했다. 이 책은 그 속편인 섀시編으로, 섀시를 구성하는 각 부품이 어떻게 생겼고 어떻게 기능하는가에 대해, 쉽게 설명한 것이다.

섀시의 성능을 좌우하는 열쇠가 되는 부품은 타이어이다. 타이어와 노면과의 마찰력이 어떻게 발생되는가를 이해할 수 있으면, 타이어를 활용하여 사용하기 위해서는 서스펜션을 어떻게 하면 좋은지를 알 수 있고, 거기에는 섀시는 어떤 것이 좋을지 보이게 될 것이다. 타이어에 대한 설명이 조금 지겹다고 느껴질지도 모르지만, 그만큼 타이어는 중요한 부품인 것이다.

또한, 각 항목은 가능한 한 독립시켜, 그 부분만으로 이해할 수 있도록, 다른 항목 중에서 설명한 것이 중복되어 기재되어 있는 경우가 있다는 것을 양해해 주시기 바란다.

본서의 출판에 있어서는 자동차 메이커 및 관련 부품업체 각사의 광고자료를 많이 이용했다. 깊은 감사의 말씀을 전하고 싶다.

GP기획센터 마니와 다카시(馬庭孝司)

섀시가 어떻게 되어있는지를 그려보고, 새삼 자동차가 얼마나 잘 만들어져 있는가에 대해 감복(感服)했다. 『엔진은 이렇게 되어있다』에서는 키워드가 연소라는 직접 눈으로 볼 수 없는 현상만으로, 이것 저것 상상력을 더듬어가며 그려야 했기 때문에 어려웠다. 섀시는 자동차가 멈추어 있는 상태라면 누구나 볼 수 있지만, 실제로 작동되고 있는 모습을 관찰하기에는 곤란한 점이 많아 다른 어려움이 있었으나, 어떻게든 정리하게 되었다. 이번에는 만화를 그릴 때에 자주 사용되는 4프레임 만화로 섀시가 어떻게 되어 있는지를 설명하는 것에 도전해 보았다. 이해를 더 도울 수 있었다면 감사하겠다.

사와타리 쇼지(さわたりしょうじ)

2008년 처음 우리가 〈엔진은 이렇게 되어있다〉를 번역 출간하게 된 것은 기존의 딱딱한 내용의 기술서에서 벗어나 쉽게 접근할 수 있는 책을 내보고자 하는 의도에서 시작했습니다. 다행히 전권이 내용이 좋아 자동차를 쉽게 접근할 수 있도록 하는데 일조하게 되어 이에 다시 한 번 용기를 내어 자동차 번역서 시리즈 2권을 내게 되었습니다.

시중에는 자동차와 관련된 많은 책들이 있습니다. 하지만 다수의 책들이 두꺼워 질리게 하거나, 전문용어, 그래프 그리고 기호와 숫자로 메워져 있어 기본적인 원리를 이해하고 기초를 다지는데 여간 인내를 요구하는 것이 아닙니다.

엔지니어들이 너무 하이테크 위주 기술만을 추구한 나머지, 근본에 대한 이해는 다소 도외시하지 않았나 하는 반성에서 자동차 시리즈 출판을 기획하게 되었습니다.

또한 ㈜엔지비는 자동차분야 연구개발 지원업무와 전문교육과정을 운영하면서, 자동차에 대해 쉽게 이해할 수 있도록 설명되어 있는 책이 필요하다고 생각하고 있었습니다. 이에 비록 우리나라에서 만들어진 책은 아니지만 섀시의 역사부터 각종 부품구성과 동작원리를 그림으로 쉽게 설명한 기술서(원문: クルマのシャシーはこうなっている)를 현대·기아자동차의 연구개발 현장에서 쓰는 용어와 자동차용어정보사전을 기반으로 번역 출간하였습니다.

자동차 섀시는 주행성 및 안정성과 직결된 부분으로 이른바 X-By-Wire로 표현되는 전자화가 다른 어떤 분야보다 적극적으로 연구되고 있는 분야이며, 자동차 메이커마다 우수한 성능을 위한 최신의 제어 알고리즘이 적용되는 기술 분야입니다. 그러나 이 책은 자동차 섀시의 기본적인 원리 이해라는 기본 취지에 따라 최신 기술 트렌드 보다는 동작원리 위주의 설명이 많음을 이해해 주시기 바랍니다.

IT분야와 비교 해보면 자동차분야의 발전 속도는 매우 느려 보입니다. 하지만 이유는 있습니다. 자동차는 사람을 태우고 달리는 기계장치로 성능도 중요하지만 안전을 최우선으로 접근하여야 하는 만큼 새로운 기술을 접목하는 데에도 엔지니어의 수많은 검증이 필요합니다. 어떻게 보면 자동차는 느림의 미학이 필요한 기술 분야인지도 모르겠습니다.

인터넷 공간의 강력한 검색 엔진, 위키피디아, 블로그 등을 통해 언제든지 쉽게 정보를 얻을 수 있지만, 그 편안함이 오히려 기초를 다지고 이해하려는 노력을 방해하고 있지 않나 싶습니다.

앞으로도 ㈜엔지비는 자동차의 기본원리에 대해 관심이 있는 모든 분들께 보다 쉽게 이해할 수 있는 기회를 만들도록 노력하겠습니다.

㈜ 엔지비

차·례
Contents

섀시는 이렇게 되어 있다

1-1. 자동차가 달린다는 것의 의미

섀시란 무엇인가①

자동차 섀시 개발은 마차의 차대(車臺)를 개량한 것에서 비롯되었고, 특히 자동차의 바퀴(타이어와 휠로 구성)는 비약적인 발전이 이루어졌다. 마차의 바퀴는 단지 말이 끄는 대로 굴러 가기만하면 되지만, 자동차의 타이어에는 자동차를 앞으로 나아가게 하는 힘이 요구되기 때문이다.

▲ 마차는 말에 이끌려 앞으로 나아간다. 마차의 바퀴는 하중을 지지하며 굴러가기만 하면 된다.

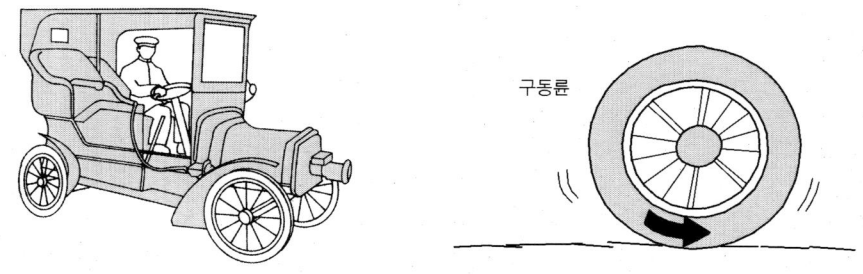

▲ 자동차는 엔진에서 발생된 구동력에 의해 바퀴를 회전시키고, 타이어가 노면을 차면서 앞으로 나아 간다. 4개의 바퀴 중 적어도 2개는 앞으로 나아가기 위한 구동 바퀴여야 한다.

자동차는 탄생하고 얼마동안 『말(馬) 없는 마차』로 불렸다. 섀시 위에 바디(Body)가 있고 이 바디를 말이 끄는 마차의 구성은 확실히 자동차와 매우 닮아 있다.

자동차의 원조(元祖)라 할 수 있는 프랑스 니콜라스 조셉 퀴뇨(Nicholas Joseph Cugnot)의 포차(砲車)는 3륜차의 견고한 차대 앞에, 본래라면 말이 연결하고 있던 자리에 커다란 증기기관이 얹혀져 있다. 초기의 가솔린 엔진 자동차는 마차의 캐빈(Cabin)과 그 스타일이 매우 비슷하며, 마부가 앉아 있어야 할 자리의 아래에 엔진이 장착되어있다.

▲ 똑같아 보이는 바퀴로 둘 다 경쾌하게 달리지만 자세히 살펴보면 마차는 말의 발이 노면을 긁으면서 앞으로 나아가지만 자동차는 바퀴의 타이어가 노면을 뒤로 밀면서 나아간다. 마차는 바퀴가 그냥 굴러갈 뿐이지만, 노면을 뒤로 밀어 구동하는 자동차에서는 바퀴의 타이어가 매우 중요하다.

말이 있어야 할 차체 앞에 엔진을 장착하고, 운전자가 그 뒤에 마련된 자리에 앉아 운전을 하는, 우리가 흔히 볼 수 있는 자동차 모습이 완성된 것이다.

이렇게 해서 우리는 자동차의 조상이 마차이며, 자동차라는 것은 마차의 말이 엔진으로 바뀐 것이라고 생각하게 되었다. 과연 그럴까?

마차는 바퀴가 달린 차체를 말이 끌어서 달리는 탈것이다. 한편, 자동차는 엔진을 장착하고 엔진에 의한 동력으로 바퀴를 회전시켜 도로를 달리는 차인데, 마차와 자동차 모두에 바퀴가 달려있기 때문에 같은 것으로 보일 수 있다. 그러나 각각의 바퀴가 굴러갈 때 어떤 작용이 발생하는가에 주목해서 비교해 보면, 큰 차이가 있다.

마차와 자동차가 각각 어떻게 해서 앞으로 나아가는가를 잘 관찰해보기로 하자. 실제로 마차를 앞으로 나아가게 하는 것은 말의 발 끝부분에 붙어 있는 발굽이다. 마차의 차륜은 단지 말발굽에 이끌려 회전하고 있지만, 자동차의 경우 바퀴의 타이어가 노면을 뒤로 밀어 전진하고 있다는 것을 알 수 있을 것이다.

마차에도 차륜이 붙어있기는 하지만, 이것은 단지 하중을 지지해 굴러가기만 하는 것으로, 자동차의 바퀴처럼 타이어가 노면을 뒤로 밀면서 앞으로 나아가는 것은 아니다. 즉, 마차는 현재의 자동차 분류로 말하자면 트레일러에 상당하는 것으로, 스스로 움직이는 자동차에 해당하는 것은 말(馬) 그 자체이다.

모양 상 마차와 자동차는 매우 닮아있고, 서스펜션 등 마차의 기술을 이어가는 부분도 많지만, 그 기능의 단면을 잘 살펴보면 자동차의 조상은 마차가 아닌 말(馬)이며, 바퀴의 타이어는 말발굽이 대체된 것이라고 할 수 있겠다.

바퀴를 그 기능에 따라 분류하면, 구동 바퀴(驅動輪)와 피동 바퀴(轉動輪)로 나뉜다. **구동 바퀴**는 차축에 작용하는 회전력을 이용하여 바퀴의 타이어로 노면을 미는 힘 즉, 구동력을 발생시킬 수 있는 바퀴이며, **피동(被動) 바퀴**는 단지 구르는 기능만을 가지는 바퀴를 말한다.

자동차에는 반드시 구동 바퀴가 필요하지만, 마차의 바퀴는 피동 바퀴만으로 되어 있으며, 구동 바퀴는 붙어있지 않다.

구동 바퀴는 스스로 구를 수 있는 바퀴이며, 피동 바퀴는 외부에서 힘을 가해 굴려야 하는 바퀴인데, 여기서 그 차이를 좀 더 자세히 살펴보기로 하자.

자동차의 바퀴는 허브(Hub)에 의해 액슬(Axle, 車軸)에 장착되어 있고, 타이어가 노면에 접한 상태에서 굴러가게 되는데, 이때 액슬과 타이어에 작용하는 힘은 어떻게 되어 있을까. 구동 바퀴는 엔진의 동력으로 액슬을 회전시키는 회전력이 타이어에 전달되어 타이어가 접지되는 노면을 뒤로 미는 힘이 발생하는데, 이때 발생된 힘 즉, 구동력에 의해 자동차가 앞으로 나아간다.

한편, 피동 바퀴는 액슬 앞에서 끌어당기거나 뒤에서 미는 힘이 걸려 타이어는 단지 노면을 구를 뿐이다. 이때 타이어의 접지 면에는 타이어의 구름을 방해하려고 하는 힘인 **구름저항 (Rolling Resistance)**이 작용한다. 이 구름저항은 타이어가 휘거나 노면의 요철을 넘을 때 발생하는 것으로, 속도가 빨라지면 조금 커지지만, 하중과 노면상태가 동일할 경우에는 같다.

바퀴에 브레이크가 걸리면, 구동 바퀴 및 피동 바퀴 모두 접지면에 제동력이 작용하는데, 이 힘은 구동력의 반대 방향으로 작용하는 성질의 힘이다. 구동력이 작은 바퀴는 제동력도 작은데, 이것이 실제로 마차의 바퀴를 자동차에 적용했을 때 크게 문제가 되었다.

1-2. 타이어와 노면의 마찰력

가솔린 엔진의 신뢰성이 높아져 자동차에 스피드가 요구되었을 무렵, 엔진의 동력을 자동차를 앞으로 나아가게 하는 구동력으로 바꾸어주는 타이어의 마찰력(摩擦力)이 커다란 기술적 테마로 떠오르게 되었다.

섀시란
무엇인가②

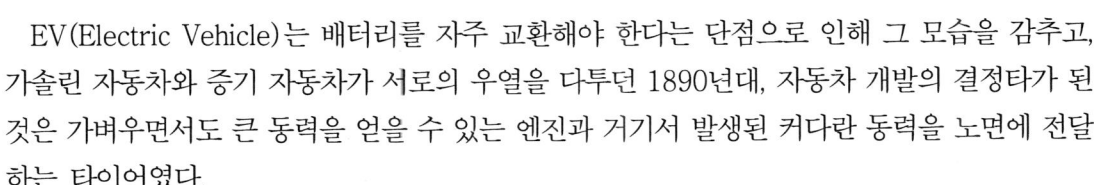

EV(Electric Vehicle)는 배터리를 자주 교환해야 한다는 단점으로 인해 그 모습을 감추고, 가솔린 자동차와 증기 자동차가 서로의 우열을 다투던 1890년대, 자동차 개발의 결정타가 된 것은 가벼우면서도 큰 동력을 얻을 수 있는 엔진과 거기서 발생된 커다란 동력을 노면에 전달하는 타이어였다.

4행정 사이클 가솔린 엔진의 개발이 급속히 이루어지면서 자동차가 주행하는데 충분한 동력을 발생시킬 수 있게 되었고, 동시에 엔진에 대한 신뢰성도 높아졌다. 그때까지 단지 주행하는 것에만 중점을 두었던 자동차에 스피드가 요구되기 시작했고, 이때 타이어가 큰 문제가 되었다.

타이어라는 것은 알다시피 바퀴의 외측을 감싸고 있는 둥근 테두리다. 당시 마차의 타이어는 단순한 고무 덩어리였으며, 그 후에 개발된 **공기 주입식 타이어(Pneumatic Tire)**와 구별하여 **솔리드 타이어(Solid Tire)**라 부른다. 이 무렵 자동차의 타이어는 엔진에 관계없이 모두 이 솔리드 타이어를 사용했다.

▲ 마차는 차륜이 진흙탕에 빠져도 말에 채찍질을 가하면 빠져나올 수 있다. 그러나 자동차는 구동 바퀴가 스스로 노면을 파헤쳐서 앞으로 나가지 못하면 진흙탕에서 빠져나올 수 없다.

▲ 구동 바퀴를 앞으로 나가게 하는 것은 타이어와 노면사이의 마찰력으로, 그 힘은 노면의 상태가 같으면 하중이 클수록 크다. 미끄러지기 쉬운 노면이라도 하중이 크면 자동차를 앞으로 나아가게 할 수 있다. 랠리차가 4WD가 된 현재는 잘 볼 수 없지만, 예전의 FR(Front Engine Rear Drive)차로 경쟁했던 사파리 랠리에서는 하중을 크게 하기 위해 내비게이터를 리어범퍼 위에 올려 진흙탕에서 빠져나오려고 하는 장면을 자주 볼 수 있었다.

엔진의 회전력을 노면에 전달하는 것은 타이어이다. 자동차에 장착되는 바퀴는 타이어와 노면의 마찰력을 충분히 발생시키는 구동 바퀴일 때라야 비로소 그 가치가 있기 때문에 마찰력이 자동차만큼 문제가 되지 않는 마차의 전동륜과는 그 중요성에서 근본적인 차이가 있다.

이것은 마차와 자동차가 진흙탕에 빠진 장면을 상상해 보면 쉽게 알 수 있다. 마차는 차륜이 진흙탕에 빠져도, 말에 채찍을 휘두르면 간단히 빠져나올 수 있지만, 자동차의 경우는 타이어가 노면을 파헤치면서 앞으로 나아가지 않으면 절대 빠져나올 수 없다.

이때 중요한 것은 타이어와 노면 사이의 마찰력이다. 마찰력이란 밀착된 물체와 물체가 서로 미끄러지려고 할 때, 이에 저항하여 미끄러지지 않도록 하는 힘이다. 엔진 회전력이 타이어에 전달되어 타이어가 회전하려고 할 때, 타이어와 노면 사이에 마찰력이 발생되지 않는다면 타이어는 단지 쓸데없는 공회전(空回轉)만 할 뿐이다. 타이어 마찰력 이상의 구동력은 노면에 전달될 수 없다. 따라서 아무리 엔진의 동력을 높여 구동력을 크게 해도 타이어의 마찰력이 작으면 의미가 없는 것이다.

마찰력은 그리스 시대부터 물리학(物理學)의 중요한 테마로서 수많은 연구가 이루어져 왔으며, 마찰력의 기본적인 성질은 『마찰력 = 마찰계수 × 하중』이라는 간단한 식으로 표현된다. 즉, 마찰력은 마찰력 계수가 클수록, 그리고 내리 누르는 무게가 클수록 크다.

마찰계수는 물체와 물체가 접하고 있는 표면 상태에 따라 결정되는 수치로 예를 들어 동일한 타이어의 경우 마찰력은 미끄럽지 않은 노면에서 크다. 포장도로에서 급브레이크를 밟았을 때,

타이어 록(Tire Lock)에 의해 미끄러지고 있는 상태의 마찰계수는 노면의 요철(凹凸) 정도에 따라 상당히 다르나, 건조한 노면(路面)의 경우 1.0~0.7, 젖어있는 노면의 경우 0.8~0.2, 그리고 얼어 있는 노면의 경우 0.3~0.1이하가 보통이다.

젖은 노면에서 마찰계수 범위가 큰 이유는 타이어의 경우 노면이 젖어 있으면 자동차 속도가 빨라질수록 마찰계수가 작아지는 성질 등에 의한 것이다.

하중이 크면 클수록 마찰력이 커지는 것은 누구라도 경험적으로 알고 있다. 구동 바퀴의 마찰력을 크게 하는 것에는 마찰계수를 크게 할지, 하중을 크게 할지의 두 가지 방법이 있다. 즉, 자동차의 구동 바퀴는 마찰계수를 갖는 타이어에 확실하게 하중이 걸릴 수 있도록 하는 장치가 필요하다.

19세기 말 이러한 마찰계수가 큰 타이어가 실용화 된 것이 공기 주입식 타이어이며, 이 타이어에 하중을 걸어 노면에 밀착시켜 구동력을 노면에 전달하는 장치가 바로 서스펜션(Suspension)이다.

1-3. 서스펜션의 기능

섀시란 무엇인가③

타이어의 마찰력을 크게 하기 위해서는 타이어의 트레드(Tread)가 노면에 넓게 접촉할 필요가 있다. 공기 주입식 타이어의 실용화에 의해 타이어 마찰력이 커지고 동시에 승차감(乘車感)도 큰 폭으로 개선되었다.

바퀴의 구성

마찰력에는 또 한 가지 우리의 상식을 조금 벗어난 성질이 있다. 그것은 고체(固體)간 마찰력은 외관상 접촉 면적과는 무관하다는 것이다. 예를 들어 책상 위에 놓인 벽돌을 손으로 밀었을 때, 벽돌을 가로로 놓았을 때와 세로로 놓았을 때 움직이게 하는데 필요한 힘은 변하지 않는다는 것이다.

물체를 평탄한 면에 놓았을 때, 원리적으로 세 개의 점으로 그 위치가 결정된다. 카메라 삼각대를 예로 들어보자. 삼각대에 또 하나의 다리를 달아도 그것은 카메라를 고정시키는 역할에는 도움이 되지 않는다. 벽돌 표면과 책상 표면 모두 한 눈에 봤을 때는 편평하게 보이지만, 마이크로 현미경으로 확대해서 보면 상당히 울퉁불퉁하며, 두 면의 튀어나온 부분이 접촉되어 하중을 지지하여 위치가 결정되는 것이다. 이 외의 부분은 접촉되어 있는 것과 같이 보여도 하중은 거의 가해지지 않는다.

▲ 솔리드 타이어는 단단한 고무로 이루어져 있으며, 원래 노면과의 마찰면적이 작고 험로에서 튀기 때문에 자동차의 속도가 빨라지면 엔진의 동력을 노면에 잘 전달할 수 없었다.

▲ 공기 주입식 타이어는 변형이 크기 때문에 노면에 트레드가 넓게 접촉되어 큰 마찰력이 발생하고 승차감이 우수한 특징 때문에 20세기에 들어와서 거의 모든 자동차가 공기 주입식 타이어를 적용하게 되었다.

실제로 몇 개의 점 밖에 하중이 가해지지 않는다면, 어떠한 면 위에 놓아도 접촉되는 면의 넓이는 거의 변하지 않기 때문에 마찰력이 같은 것은 당연하다고 할 수 있다. 그런데 자동차 타이어는 공기를 넣은 고무주머니로 되어 있다. 노면 위에 벽돌이 아닌 부드러운 고무 덩어리를 놓았을 때는 어떻게 될까.

고무는 힘을 가하면 늘어나거나 줄어드는 성질이 있기 때문에 벽돌과는 달리 표면의 요철에 관계없이 상당히 넓은 면적으로 접촉한다. 따라서 편평하게 놓는 것과 세워서 놓는 것은 실제 접촉 면적이 다르며, 편평하게 놓는 것이 접촉 면적이 넓다. 마찰력은 실제 접촉 면적이 크면 당연히 커지기 때문에 고무는 벽돌의 경우와는 달리 우리의 상식처럼 편평하게 놓아 겉으로 보았을 때의 면적이 넓으면 마찰력은 커진다.

19세기 말 유럽에서는 마차가 달리기 쉽도록 도시와 근교 노면을 포장했는데, 그다지 길이 매끄럽지 않았다. 그래서 철제 바퀴를 사용할 때보다 상당한 발전이 이루어지긴 했지만, 고무만으로 이루어진 타이어가 실제로 접촉하고 있는 면적은 상당히 적어 노면에 전달되는 구동력은 한정되었다.

아무리 엔진을 개량하여 출력을 높여 속도를 내려고 해도 마찰력 한계 이상의 구동력이 가해지면 타이어는 공회전 할 뿐 가속되지 않는다. 자동차의 속도를 높이기 위해서는 마치 눈길 위에서 가속하듯 타이어에 큰 구동력이 한 번에 걸리지 않도록 조금씩 액셀러레이터 페달 (Accelerator Pedal)을 밟는 수밖에 없었다. 자동차를 가속시키려고 할 때 또 한 가지 문제가 된 것이 바로 서스펜션(현가장치)이었다.

당시 마차에는 이미 판 스프링(Leaf Spring)이 적용되어 차체에 직접 차축이 설치되었던 시대보다는 훨씬 나았지만, 험로에서 바퀴가 튀어 오르는 것은 피하기 어려웠다. 그러나 당시 마차의 속도는 기껏해야 10km/h 정도였고, 바퀴는 피동이었기 때문에 다소 튀어 오르는 바퀴가 노면으로부터 떨어져도 이렇다 할 문제는 없었다.

그러나 자동차는 구동 바퀴가 노면에서 떠오르면 당연히 구동력을 노면에 전달하는 것은 불가능하다. 따라서 가능한 돌에 부딪히거나 구멍에 바퀴가 빠지지 않도록 신중하게 운전을 해야 했다. 조향 핸들의 조작도 결코 즐겁지가 않았으며, 게다가 노면의 장해물을 이리저리 피해 주행하면서 속도를 높이는 것은 어려웠다.

이러한 배경을 바탕으로 1895년에 파리 보르도(Bordeaux)에서 자동차의 역사에 결정적인 영향을 준 경주가 열렸는데 세계 최초로 스피드를 겨루었던 이 레이스는 가솔린 자동차 대 증기 자동차의 대결로 잘 알려져 있다. 미쉐린 타이어(Michelin Tire)의 창업자인 미쉐린 형제가 개발한 **공기압 타이어(Pneumatic Tire)**가 최초로 **솔리드 타이어(Solid Tire)**를 대체하는 차량용 타이어로 등장하여 주목을 모았다.

고무만으로 이루어진 솔리드 타이어의 마찰력을 크게 하기 위해서는 바퀴를 크게 하고 고무의 양(量)을 증가시켜 노면과의 접촉면적을 크게 하면 되지만 이렇게 하면 무게가 무거워진다. 공기 주입식 타이어는 중량이 큰 폭으로 감소됨과 동시에 접촉면적은 10배로 커지고, 게다가 잘 튀어 오르지도 않는다. 이것이 공기 주입식 타이어를 자동차용으로 실용화한 미쉐린 형제의 착안점이었으며, 내구성이 부족하여 자주 교환을 해야 했지만, 솔리드 타이어의 결점을 한 번에 해결해주는 획기적인 타이어였다.

1-4. 타이어의 기능은 발과 같은 역할

구르고 있는 타이어의 트레드는 마치 두 손을 마주 댄 것과 같이 노면에 접촉되어 있는 것처럼 보이지만 실제로는 위에서 강하게 내리치듯 노면을 연속적으로 뒤로 밀어내면서 앞으로 나아간다.

샤시란 무엇인가④

자동차에 없어서는 안 되는 구동 바퀴는 접지부분에서 노면을 뒤로 밀면서 앞으로 굴러 나아가는데 구체적으로 노면과 접촉하는 부분인 타이어 트레드가 노면에서 어떤 형태가 되는 것일까.

교차로에서 신호를 기다릴 때 앞을 지나가는 자동차 타이어의 움직임을 잘 살펴보면 타이어는 구르면서 앞으로 나아가고 있지만 트레드는 앞에서 뒤로 후퇴하면서 노면과 접촉되어 나아가는 것과 같이 보인다. 정말 그럴까. 타이어는 앞으로 나아가고 있는데 그 일부분이 뒤로 간다는 것은 이상하지 않을까. 위쪽의 그림에서 타이어가 구르면서 앞으로 나갈 때 트레드의 각 면이 노면에 대해 어떤 속도로 움직이고 있는지를 알아보자. 자동차의 속도가 30km/h라면 타이어 중심에 있는 허브도 30km/h의 속도인 것은 확실하다.

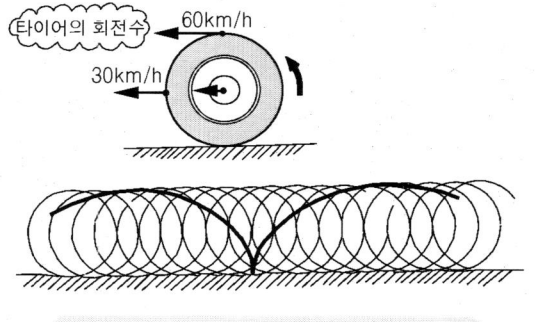

▲ 타이어가 노면 위를 구를 때 원주(圓周) 위의 일정한 자취는 사이클로이드(Cycloid) 라 불리는 곡선을 그린다. 타이어의 변형(휘어짐)이 없다면 노면에 수직으로 접촉하며, 노면과 타이어 사이에 거리가 발생되면서 굴러간다는 것에 주목하길 바란다.

▲ 우리들이 걷거나 달릴 때 발의 움직임은 사이클로이드 곡선과 상당히 닮아있다. 발바닥은 타이어 트레드와 마찬가지로 거의 정면 위에서 노면을 치듯이 접지한다.

한편, 트레드의 접지 부분은 노면과 접촉하고 있기 때문에 속도는 0, 즉 정지되어 있다고 할 수 있다. 이것도 틀린 말은 아니다. 그러나 자동차가 30km/h로 전진하고 있기 때문에 타이어 전체로 보면 정지되어 있는 부분의 어딘가에서 만회하고 있지 않고서는 말이 안 된다. 결론부터 말하면 타이어는 노면에서 가장 떨어진 윗부분에서 30km/h의 2배인 60km/h로 전진하여 정지되어 있는 부분을 만회하고 있다.

타이어의 트레드는 원주(圓周) 방향으로는 일정한 속도로 회전하고 있지만 노면과 평행한 방향의 전진속도는 접지부분의 정지 상태에서 조금씩 속도를 높여 1/4 정도 회전했을 때 자동차의 속도와 같아지고 1/2 정도 회전했을 때 즉, 가장 윗부분에 다다랐을 때는 자동차 속도의 2배가 된다. 고무는 힘을 가하면 늘어나거나 줄어드는 성질을 갖기 때문에 벽돌과 달리 표면의 요철에 관계없이 상당히 넓은 면적으로 접촉한다. 따라서 편평하게 놓는 것과 세워서 놓는 것은 실제 접촉 면적이 다르며, 편평하게 놓는 것이 접촉 면적이 넓다.

계속해서 회전할 경우 전진속도는 서서히 느려져 3/4 회전 지점에서 다시 자동차 속도와 같아지고, 계속 감속되어 노면에 접촉되었을 때 속도가 0이 된다. 이 때, 타이어의 중간 지점에서 반으로 갈랐을 때 아래 부분이 앞으로 나아가는 속도는 자동차의 전진속도보다 느리기 때문에 옆에서 보면 착시현상으로 트레드가 뒤로 가는 것과 같이 보이는 것이다.

실제로 타이어 트레드의 움직임을 확인하기 위해서는 자동차 타이어 가까이에 눈에 잘 띄는 리본을 달아 자동차를 서서히 운전하도록 하고 조금 떨어진 위치에서 리본의 움직임을 살펴보면 된다. 리본은 지면에 가까운 위치에서는 천천히, 위로 올라갈수록 빨라져 마치 살아있는 것이 튀면서 회전하는 것과 같이 보인다. 이 리본이 그리는 곡선을 **사이클로이드(Cycloid)**라고 하며, 한 원이 일직선 위를 굴러갈 때 이 원의 원둘레 위의 한 점이 그리는 궤적(軌跡)을 말한다.

트레드 위의 한 점을 주목해서 보면 이 점은 일정한 간격을 두고 지면과 접촉되어 누르고 있기 때문에 이 움직임은 사람이 달릴 때 발의 움직임과 같다는 것을 알 수 있다. 텔레비전의 마라톤 중계에서 달리는 선수의 발을 보면 이를 쉽게 알 수 있을 것이다. 트레드는 완전한 원 운동을 반복하고 있는데, 선수의 발은 지면을 차면서 원 운동에 가까운 움직임을 한 후 신속하게 원을 횡단하여 다시 노면을 밟는, 결코 낭비가 없는 움직임을 반복한다. 발로 노면을 밟아 노면을 밀어 차고 앞으로 나아가는 움직임은 사람에만 적용되는 것이 아니라 말 또는 뒤뚱뒤뚱 걷는 오리에게도 동일하게 적용된다.

이러한 노면을 차는 동작을 할 때 발바닥에 작용하는 힘은 무엇일까. 두 발을 벌리고 서 있을 때 누군가가 뒤로 밀면 발 안쪽에 뒤로 밀리지 않도록 하는 힘을 느낄 수 있을 것이다. 이 힘은 뒤로 미는 힘이 크면 클수록 크다. 타이어의 경우 뒤로 미는 힘이 **구동력(驅動力)**이다.

다음으로 우리들이 달리다가 멈추려고 할 때를 생각해보자. 이 경우 발을 땅에 지지하고 앞으로 나아가는 것을 멈추려고 하는 것이기 때문에 이때 발바닥에는 앞으로 미끄러지지 않도록 하는 힘이 작용한다. 이때 발에 느낄 수 있는 뒤로 미는 힘이 타이어에 있어서는 **제동력(制動力)**, 즉 타이어를 멈추게 하는 힘이다.

그리고 우리는 옆으로 이동하려 할 때 발로 노면을 옆으로 밀게 되는데 자동차가 회전할 때는 마찬가지로 타이어 트레드로 노면을 옆으로 민다. 이 힘은 타이어의 **횡력(橫力)**, 영어로는 Side Force, 자동차의 방향을 변경하는 힘이기 때문에 Cornering Force라고도 한다. 즉, 자동차의 타이어가 굴러갈 때에도 전후, 좌우 방향의 힘이 접지면에 작용하고 있는 것이다.

1-5. 마차의 승차감을 좋게 하는 스프링

섀시란 무엇인가⑤

과거의 마차는 바퀴가 차대에 직접 붙어 있었기 때문에 진동이 커서 짐을 싣는 용도로 사용되는 경우가 많았다. 근대(近代)에 와서는 마차가 탈것으로 폭넓게 이용되게 된 것은 스프링이 장착되었기 때문이다.

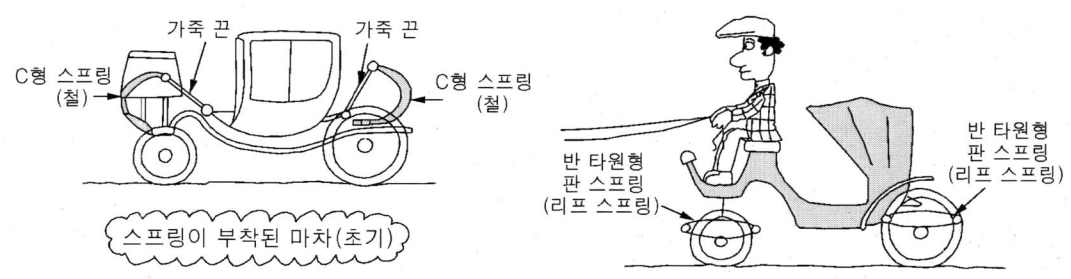

가죽 끈   가죽 끈
C형 스프링 (철)   C형 스프링 (철)

스프링이 부착된 마차(초기)

반 타원형 판 스프링 (리프 스프링)   반 타원형 판 스프링 (리프 스프링)

▲ 마차에 사람이 타고 긴 여행을 하는데 사용된 것은 17세기 후반에 와서 강제(鋼製) 스프링이 발명되면서 부터이다.

▲ 초기의 자동차에는 당시 마차용으로서 가장 발전된 스프링인 판 스프링(Leaf Spring)이 사용되었다. 이 스프링은 꼭 타원을 반으로 자른 초승달 형태를 하고 있어 반 타원형 스프링으로 불리고 있다.

마차와 자동차가 어떻게 다른지에 관하여 바퀴의 관점에서 생각해 보면 자동차는 노면을 뒤로 밀어 내면서 전진하게 하는 구동 바퀴를 갖추어야 한다는 것, 그리고 이 구동 바퀴는 노면을 전후, 좌우로 밀어낼 수 있는 타이어가 장착되어야 한다는 것이 자동차의 가장 큰 특징이다.

그리고 또 한 가지 중요한 점이 있는데 그것은 자동차에는 타이어를 노면에 밀착시키는 장치가 필요하다는 것이다. 타이어는 노면과 접촉되어 마찰력이 발생되어야 비로소 그 성능을 발휘하며, 타이어가 튀어 올라 허공에 떠 있어서는 구동 바퀴로서의 역할을 할 수 없다.

이러한 타이어를 노면에 밀착시키는 장치가 바로 **서스펜션(Suspension, 현가장치)**이다. 바퀴와 마찬가지로 마차에 장착되어 있던 장치를 자동차에 맞도록 개량한 것이다. 그러나 마차의 현가장치는 오직 승차감의 향상만을 위해 장착된 것임에 비하여 근대 자동차는 승차감 향상의 목적도 있지만 그 본래의 목적은 타이어를 노면에 밀착시켜 주행 성능을 발휘하기 위한 것이다. 이것은 뒷부분에서 자세히 살펴보기로 하고 우선 마차의 서스펜션이 어떻게 되어 있는지 살펴보자.

마차의 기원은 바퀴의 기원과 마찬가지로 문명이 발생되는 시기로 거슬러 올라간다. 근세에 이르기까지 마차는 주로 전쟁이나 짐을 싣기 위한 용도로 이용되었으며, 탈것으로서의 마차는 신체가 약한 사람과 생활에 여유가 있는 사람 등이 아주 가까운 거리에 있는 사람을 방문할 때 밖에 사용되지 않았다. 사람이 타고 긴 여행을 하는데 사용된 것은 17세기 들어 강제(鋼製)의 스프링이 장착되면서부터이다.

일반도로는 울퉁불퉁한 흙길로 되어 있었으며, 짐차의 바퀴자국이 나 있는 것이 보통이라서, 짧은 시간이라면 모를까 차축 위에 나무로 만든 틀을 설치한 상자를 얹어 놓고 덜덜거리는 차체 안에서 장시간 꼼짝 않고 있는 것은 참기 어려웠을 것이다. 게다가 마차는 사람이 걷는 정도의 속도로 밖에 달릴 수 없었고, 하루 종일 달려도 20~30km로, 다리가 튼튼한 사람은 그 정도는 걷는 것이 가능하였으므로, 말에 탈 수 있는 만큼의 체력이 있는 사람은 기마(騎馬)로 1일 평균 70km 정도는 여행이 가능하였다.

진시황제가 마차로 중국을 순회하는 긴 여행을 한 일은 잘 알고 있을 것이다. 그 여행을 위해 진시황제는 전용의 편평한 도로를 만들게 하였고, 일반인들은 사용할 수 없었다. 로마시대에 마차가 탈것으로 활발히 이용되었는데 이는 로마의 길로 잘 알려진 쇄석(碎石)으로 포장된 편평한 도로가 영토에 뻗어 있었었기에 가능했던 것으로 중세에 와서도 이에 필적하는 도로는 세계 어느 곳에도 없었다고 한다.

현재 우리들이 당연시 여기며 이용하고 있는 포장도로에 가까운 도로가 유럽 도시에 처음 생겨난 것은 중세가 끝날 무렵으로 기껏해야 16세기부터다. 로마시대에 울퉁불퉁한 흙길을 쾌적하게 달리기 위해 자동차의 네 모퉁이에 기둥을 세워 쇠사슬로 차체를 매는 방법이 이루어졌다. 그 후에도 차체의 흔들림을 줄이기 위해 다양한 방법의 시도가 이루어졌는데 모두 확산되지는 않았다.

이러한 장치는 바퀴에서 전달되는 진동을 확실히 줄이기는 했지만 마치 매달아 놓은 해먹 (Hammock)과 같이 좌우로 흔들려 단시간이라면 모를까 장시간 타고 있을 경우엔 멀미가 발생하여 참을 수 없었던 것이다. 짧은 쇠사슬과 가죽 벨트로 차체를 매다는 방법도 시도되었지만, 결국 진동을 작게 하기 위해서는 노면을 잘 선택하여 천천히 달리는 방법밖에 없었다.

마차의 진동을 억제하는 장치로 강제(鋼製) 스프링이 발명된 것은 1670년경으로 당시 누군가 이것을 연구했는지에 대해서는 여러 가지 설이 있어 확실치 않다. 그러나 이 장치로 구멍투성이인 울퉁불퉁한 바닥에서 전달되는 불쾌한 진동을 큰 폭으로 줄일 수 있었고 흔들림도 견딜 수 있을 만큼 줄어들어 탈것으로써의 마차는 크게 발전했다.

한편, 스프링은 처음에는 커다란 C자형의 것을 차체 앞뒤에 장착했는데 자동차의 개발이 활발하게 이루어졌을 때에는 가늘고 긴 판 형태로 한 **판(板) 스프링(Leaf Spring)**을 차체와 바퀴를 보호하는 차대 사이에 장착하는 손쉬운 방식이 주류를 이루었다. 초기의 자동차에 이러한 최신 현가장치가 채택되었던 것이다.

1-6. 타이어를 노면에 밀착시키는 서스펜션

노면과 타이어 사이에 마찰력을 발생시키기 위해서는 타이어가 노면에 확실하게 접촉되어 있어야 한다. 스프링의 반발력을 이용하여 타이어 트레드가 올바르게 노면에 접촉될 수 있도록 아래로 밀어 내리는 것이 서스펜션의 역할이다.

▲ 카메라의 삼각대와 마찬가지의 원리로 차체의 위치는 3개의 바퀴 높이에 따라 결정되며, 울퉁불퉁한 면이 있으면 하나의 바퀴는 반드시 허공에 뜨게 된다. 4개의 타이어 모두를 밀착시키는 것이 스프링의 역할이다.

▲ 스프링의 접지성 : 스프링이 단단하면 우측의 자동차와 같이 옆으로 기울어짐은 적지만 안쪽 바퀴가 노면에서 멀어지는 것을 알 수 있다. 스프링이 부드러우면 좌측의 자동차와 같이 바깥쪽으로 크게 기울어지지만 스프링이 다시 노면에 밀착시켜 준다.

이 글을 읽고 있는 지금 혹시 간단히 움직일 수 있는 다리가 4개인 책상에 앉아 있다면 책상을 조금 흔들어 보기 바란다. 덜컹거리지 않으면 책상 4개의 다리 중 하나의 다리가 책상이 바닥에 잘 세워지도록 길이가 조절되어 있음에 틀림없다. 이 말은 편평한 바닥면일 경우에는 관계없으나 조금이라도 울퉁불퉁한 면 위에 책상 다리처럼 다리가 붙어있는 것을 놓았을 때 카메라의 3각대와 같이 3개의 점으로 그 위치가 결정되기 때문에 하나의 다리는 떠버린다는 말이다.

다 알겠지만 마차와 자동차에는 4개의 바퀴가 장착되어 있다. 이들 바퀴가 차체에 직접 장착되어 있다고 하면 차체의 위치는 3개의 바퀴로 결정되기 때문에 노면이 울퉁불퉁함에 따라 항상 하나의 바퀴는 허공에 떠오르게 된다. 허공에 떠오른 바퀴는 노면의 상태에 따라 시시각각 변하고 어떤 경우에는 우측의 앞바퀴가 다음에는 좌측의 뒷바퀴가 뜨거나 하는 상태가 될 것이다.

마차의 바퀴는 피동 바퀴로 말에 끌려 굴러가기 때문에, 타이어 중 1개가 노면으로부터 들려도 이렇다 할 문제는 없다. 그러나 자동차에서는 바퀴가 구동 바퀴일 경우 허공에 떠오른 순간에는 노면을 뒤로 밀어 앞으로 나갈 수 없게 됨으로 자동차의 바퀴는 항상 4개 모두 지면에 접촉되어 있지 않으면 곤란하다.

    이러한 바퀴를 항상 노면에 밀착시키는 역할을 하는 것이 서스펜션이다. 스프링의 성질에 관해서는 조금 후에 좀 더 자세히 알아보기로 하고 누구라도 직감적으로 알고 있겠지만 스프링이 휘게 되면 원래의 위치로 돌아가려고 하는 힘이 발생한다. 이 반력으로 타이어가 노면에 밀착되는 것이다.

    마차에 장착되어 스프링은 오직 차체의 진동을 줄이고 승차감을 좋게 하기 위한 것으로 승차감을 좋게 하기 위해서는 가능한 한 스프링을 부드럽게 하는 것이 좋을 것이라고 생각되지만 실제로는 상당히 단단한 스프링이 장착되어 있다. 이는 스프링이 부드러우면 앞에서 설명했듯이 해먹과 같이 마차가 크게 흔들려 멀미를 일으키게 되기 때문이다. 이것은 현재의 자동차 스프링도 마찬가지다.

    이러한 이유로 초기의 자동차는 마차용의 단단한 스프링을 사용했는데 주행하는 속도가 마차보다 빨라짐에 따라 새로운 문제가 나타나기 시작했다. 그것은 자동차가 코너를 돌았을 때 내측 바퀴가 허공으로 떠올라 주행할 수 없게 된다는 문제이다.

    스프링이 장착되어 있으면 직진 주행을 할 경우 노면 상태가 심하게 나쁘지 않는 한 내측 바퀴가 허공으로 떠오르는 경우는 없다. 그러나 코너를 돌때는 원심력에 의해 자동차는 코너 바깥 방향을 향해 밀리기 시작하고 외측 스프링은 압축되며, 내측의 스프링은 늘어난다. 단단한 스프링은 그다지 늘어나지 않기 때문에 노면에서 떠오르게 된다.

    원심력은 자동차의 무게에 비례하고 속도의 제곱에 비례하여 커지기 때문에 장거리를 주행할 때는 단단한 스프링이 필요한데 마차용의 스프링은 코너링 속도의 한계가 낮다. 그러면 자동차에 부드러운 스프링을 장착하면 어떻게 될까. 이때는 내측의 스프링은 잘 늘어나기 때문에 바퀴가 노면에서 멀어질 염려는 없지만 역으로 사이드 외측의 스프링은 부드럽기 때문에 변형 (휘어짐)이 커진다.

즉, 자동차가 많이 기울어져 주행하기가 상당히 곤란해지며, 코너를 돌 때 뿐만 아니라 브레이크를 걸어 정지할 때에도 자동차는 크게 앞으로 고꾸라지기 때문에 느낌이 불쾌하다. 이렇게 해서 자동차의 스프링은 주행의 기능면에서 보았을 때 너무 단단해서도 그렇다고 너무 부드러워도 안 되며, 자동차에 적당한 정도의 스프링이어야 한다는 것을 알 수 있다.

한편 승차감이라는 면에서 보아도 앞에서 설명했듯이 자동차에 알맞은 진동을 적정하게 낮추어 멀미가 나지 않도록 스프링이 적당히 단단해야 한다는 것도 알 수 있다. 자동차는 주행을 바퀴에 크게 의존하고 있다는 점에서 마차와 비교도 안 될 정도로 발전된 서스펜션이 필요하게 된다. 초기의 자동차는 파워풀 하면서도 신뢰성이 높은 엔진과 우수한 서스펜션이 갖춰진 후에 비로소 받아들여지게 된 것이다.

2-1. 타이어의 마찰력과 구름저항

자동차의 조종성·안정성①

구동력(驅動力)과 제동력(制動力)을 생각하면 타이어의 마찰력은 가능한 큰 것이 바람직하다. 그러나 마찰력이 커지면 구름저항도 커지기 때문에 연료소비가 증가되는 단점도 있다.

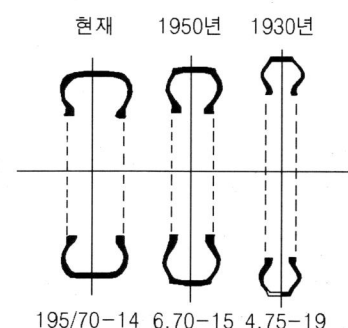

현재   1950년   1930년

195/70-14 6.70-15 4.75-19

▲ 타이어 크기의 변천 : 초기의 공기 주입식 타이어는 현재 중형(中型) 자전거에 사용되고 있는 타이어와 비슷한 크기로 공기 압력이 높은 것이 사용되었지만 시간이 지남에 따라 타이어의 높이는 낮아지고 내부의 용적이 커져 공기 압력이 낮은 타이어가 사용되고 있다.

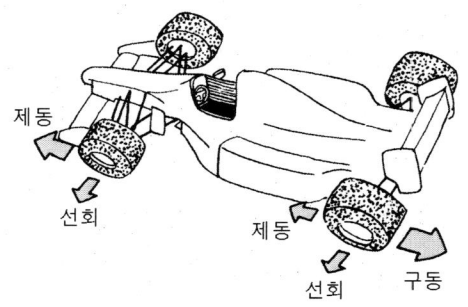

제동

선회   제동

선회   구동

▲ 포뮬러 카의 뒤 타이어는 앞 타이어보다 두꺼운 타이어가 사용되고 있다. 이유는 코너링시 브레이크가 걸렸을 때 앞·뒤 타이어가 동일한 크기의 마찰력을 발생시키지만 뒤 타이어만이 엔진의 힘을 노면에 전달하기 때문이다. 참고로 F1에서는 4륜 구동은 금지되어 있다.

자동차는 엔진의 동력이 타이어에 전달되었을 때만 주행할 수 있으며, 방향을 바꾸는 것 역시 타이어와 노면 사이에 수평의 힘이 발생하기 때문이다. 구동력과 수평의 힘 모두 바꾸어 말하면, 타이어와 노면사이의 마찰력이다. 따라서 자동차를 빠른 속도로 주행할 수 있도록 하기 위해서는 가능한 한 크기가 크고, 접지면이 넓은 타이어를 장착하는 것이 좋다.

자동차 박물관에서 제조 연도순으로 전시되어 있는 자동차 타이어를 보면, 마차의 바퀴와 같은 솔리드 타이어에서 출발하여 공기주입식 타이어가 되고, 그 후 휠의 지름이 점차 작아짐과 동시에 타이어가 점점 두꺼워지는 것을 알 수 있다. 공간이 허용하는 한 되도록 크기가 크고, 고무풍선과 같이 부드러운 타이어를 장착하면 큰 마찰력을 얻을 수 있으며, 동시에 승차감도 좋아진다.

 초기의 공기주입식 타이어는 현재 중형 자전거에 사용되고 있는 타이어 정도의 크기였는데, 점차 두께가 두꺼워져 1960년대 중반의 승용차에는 현재 사용하고 있는 것과 비슷한 크기의 타이어가 장착되기 시작하였다. 1970년대부터 80년대에 걸쳐 새로운 승용차 모델이 연이어 출시될 무렵 자동차 메이커는 서로 경쟁하듯이 타이어를 크게 만들었다. 이것은 엔진의 동력 성능이 향상되었고, 자동차의 종합적인 성능이 향상되었기 때문이다.

 그렇다면 앞으로도 계속해서 타이어의 크기는 커질까? 결코 그렇지만은 않다. 1980년대 후반이 되자 타이어 크기는 엔진의 출력과 자동차의 업그레이드(Upgrade)에 따라 거의 결정이 되었다. 물론 고성능을 판매 전략으로 내세운 스포츠카와 고급 자동차의 타이어는 점차 발전이 이루어져갔지만, 이것은 자동차를 전체적으로 봤을 때 아주 작은 부분에 지나지 않는다.

 왜 타이어의 크기는 계속해서 커지지 않는 것일까.

 타이어를 두껍게 하고 트레드의 접지면적을 크게 하면 확실히 노면과의 마찰력은 커진다. 그러나 동시에 타이어 자체가 구르지 않으려고 하는 힘, 즉 구름저항도 증가되는 것이 타이어를 계속 크게 할 수 없는 가장 큰 이유이다. 크고 두꺼운 타이어를 잘 구르게 하려면 크기가 작고 폭이 좁은 타이어를 구르게 할 때보다 더 큰 힘이 필요한 것이 사실이다.

 마차의 바퀴는 모두 말에 끌려 굴러가는 피동 바퀴이기 때문에 가능한 한 저항이 작은 좁은 타이어를 장착하는 것이 좋다. 그러나 너무 좁으면 훼손되기 쉽고 연약한 도로에서는 지면에 타이어가 빠져 들어가 오히려 구름저항이 커지기 때문에 타이어는 적당한 크기이어야 한다.

한편 자동차에는 피동 바퀴와 구동 바퀴가 있다. 4륜 구동 자동차의 경우 4개의 바퀴가 모두 구동 바퀴이지만 실제는 4개를 모두 구동 바퀴로 사용하는 경우는 적다. 일반적으로 앞바퀴와 뒷바퀴 중에서 한쪽을 구동 바퀴로 사용하고 그 나머지를 피동 바퀴로 사용하는 경우가 많다. 구동 바퀴에는 엔진의 동력을 구동력으로서 활용하기 위해 마찰력이 큰 타이어가 필요하지만 피동 바퀴는 그렇지 않다. 그러나 피동 바퀴도 브레이크가 걸렸을 때를 위하여 마찰력을 발생시키는 능력이 있어야 한다. 제동력은 앞바퀴 쪽이 조금 더 많이 걸리지만, 뒷바퀴에도 발생한다. 따라서 2개의 타이어로 구동력의 전체를 노면에 전달하는 구동 바퀴와 비교하면 마찰력을 발생시키는 힘이 적어도 된다.

F1으로 대표되는 포뮬러 카(Formula Car)의 앞 타이어가 뒤 타이어에 비해 작은 것은 엔진의 동력을 노면에 전달하는 것은 뒤 타이어지만, 제동력은 앞·뒤 4개의 타이어 모두가 부담하기 때문이다. 앞바퀴의 피동 타이어를 작게 하면 구름저항과 공기저항을 동시에 감소시킬 수 있는 장점이 있다.

4WD(Four Wheel Drive) 자동차를 타고 있는 사람은 누구라도 연비가 매우 좋지 않다는 것을 실감할 수 있을 것이라 생각한다. 이것은 험로 주행에 대비하여 연약한 노면에서 부상성(浮上性)을 최우선한 트레드 폭이 넓은 타이어를 장착하고 있어 그 구름저항도 크기 때문이다. Land Rover와 Gelandwagen 등 유럽의 4륜 구동차는 이런 종류의 커다란 타이어를 주문해도 결코 신차에는 장착하여 주지 않는다. 이유는 연비를 위해서이기도 하지만, 자동차의 종합적인 성능저하의 우려가 있기 때문이다.

자동차 타이어는 엔진의 동력을 충분하게 전달하는 구동륜으로서의 성능을 가짐과 동시에, 피동 바퀴로서는 구름저항이 가능한 한 작은 것이 바람직하다는 둘 다 만족시키기 어려운 문제를 안고 있는 것이다.

2-2. 공기 주입식 타이어의 진화

공기 주입식 타이어가 부담할 수 있는 하중의 크기는 타이어에 안에 들어 있는 공기의 양에 따라 결정된다. 초기(初期)의 타이어는 공기의 양이 적고 압력이 높은 고압 타이어가 사용되었는데 현재의 타이어는 용량이 크고 공기압이 낮은 타이어가 사용되고 있다.

승용차 타이어의 크기는 엔진의 출력과 균형을 이루어야 하지만 엔진의 출력만으로 타이어의 크기가 결정되는 것은 아니다. 그러나 어떤 자동차를 만들 것인가에 대한 컨셉을 논의할 때, 어떤 엔진을 장착할 것인가를 결정하고 이를 전제로 부품의 사양도 정해진다. 따라서 결과적으로 어떤 자동차업체의 타이어를 보아도 자동차의 크기 및 급이 같으면 비슷한 크기의 타이어가 장착되어 있는 것을 볼 수 있다.

현재의 타이어는 설계방법과 제조기술의 발달에 의해 엔진의 동력을 활용하여 운동성능과 거주성 등 자동차의 컨셉에 맞도록 제작하는 것이 어느 정도 가능하게 되었다. 실제로 현재 모델에 장착되어 있는 타이어를 베이스로 하여 다음 모델의 타이어를 시작(試作)하고 실차(實車)에 맞는지 확인하는 작업을 반복하여 새로운 모델의 타이어 스펙을 완성하는 것이 보통이다. 그러나 매우 초기의 자동차 개발에서 타이어를 어떤 형태로 할 것인가는 설계자에 있어 매우 중요한 과제였다.

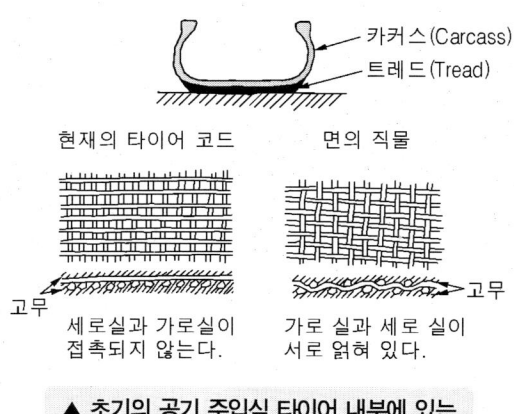

현재의 타이어 코드　면의 직물

카커스(Carcass)
트레드(Tread)

세로실과 가로실이
접촉되지 않는다.

가로 실과 세로 실이
서로 얽혀 있다.

고무 　고무

▲ 초기의 공기 주입식 타이어 내부에 있는 카커스는 직물로 이루어져 있었으며, 세로실과 가로실이 서로 맞스치듯 엮여 있었기 때문에 수명이 짧았다. 후에 발엮음 같이 세로실 만으로된 2장의 코드 사이에 고무로 끼워 사용하게 되어 타이어 수명은 비약적으로 늘어났다.

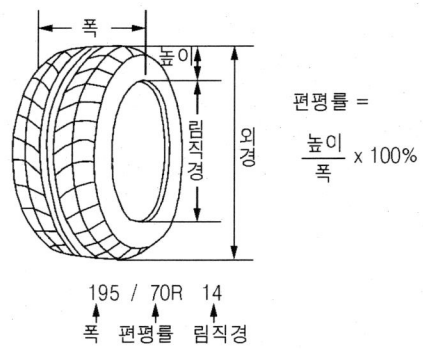

폭　높이

림직경

외경

편평률 =
$\dfrac{높이}{폭} \times 100\%$

195 / 70R 14
폭 편평률 림직경

▲ 타이어의 크기 표시 : 타이어의 크기를 표시하는 방법에는 여러 가지 있는데 레이디얼 타이어의 경우 타이어 폭/편평률, 레이디얼 타이어, 림(Rim)의 직경으로 나타내는 것이 가장 일반적이다.

　미쉐린(Michelin) 형제가 자동차에 최초로 공기 주입식 타이어를 장착했다는 것은 앞에서도 설명했듯이 미쉐린 형제는 당시 마차용으로 공기 주입식 타이어를 판매하고 있었으며, 그들이 판매하는 타이어는 승차감 좋은 타이어로 호평을 받고 있었다. 이 마차용 타이어를 장착한 자동차가 1895년 파리 보르도(Brodeaux) 왕복 자동차 레이스 주행시, 솔리드 타이어와 비교하여 현격하게 우수한 구동성능의 실현, 최고속도 61km/h라는 당시로서는 놀랄만한 속도를 기록했다.

　그러나 경쾌한 마차용으로서 와이어 휠(Wire Wheel)에 장착되거나, 10km/h전후의 속도로 사용되고 있는 특대 자전거용 타이어에 있어 자동차는 무게가 너무 무겁고 속도가 너무 빨라 거의 150km마다 펑크가 반복되는 문제에 휩싸였다. 미쉐린 공기 주입식 타이어가 어떠한 원인으로 펑크가 났는지는 명확하지 않지만 변형이 크고, 타이어를 형성하고 있는 직물의 섬유가 심하게 엉켜 끊어졌을 가능성이 높다.

　공기 주입식 타이어에 걸리는 하중의 대부분은 공기가 부담하는데 이것을 지면에 세로로 세워둔 도너츠 모양의 고무풍선이라고 생각해보자. 풍선을 지면에 밀착시키면 접지면에 걸린 하중에 의해 타이어 안에 들어 있는 공기가 밀리게 된다. 이 힘은 공기에 의해 풍선 내부의 구석구석까지 전달되어 풍선이 부풀어지지 않으려고 하는 힘, 즉 고무의 수축력(收縮力)과 균형을 이룰 때까지 부풀어 오른 후 멈춘다.

　고무풍선이 어느 정도 부풀어 오를지는 풍선의 크기와 안에 들어가 있는 공기 압력 2가지에 의해 결정된다. 즉 같은 하중이 걸려도 풍선이 크면 그 만큼 변형이 적고 또한 공기압력이 높으면 풍선을 누르기 어려워 변형도 적은 것이다.

마차에 비해 무게가 무거운 자동차를 지지하는 타이어의 변형을 작게 하기 위해서는 타이어를 크게 하거나 공기압을 높이는 방법 밖에 없는데, 두꺼운 타이어를 만드는 기술이 없었던 당시에는 공기압을 높게 하는 방법이 이용되었다. 1920년대까지 고압 타이어(압력 3.5~4.2kgf/cm²)라고 불리며, 현재의 소형 트럭에 사용되고 있는 공기압 타이어가 승용차, 화물차용 구분 없이 사용되었다.

그 후 1920년대에 들어 타이어의 제조기술이 발전되어 현재와 거의 같은 2.0kgf/cm² 전후의 것을 사용이 가능한 **벌룬 타이어(Balloon Tire)**가 만들어지게 된 것이다. 이에 따라 타이어의 내구성을 높이기 위해 타이어의 크기가 커지게 되었으며, 동시에 접지면이 커지고 트레드의 마찰력도 커지는 장점을 얻을 수 있었다. 그러나 타이어의 크기가 커지면서 구름저항이 증대되고 차고(車高)가 높아지는 단점도 있다.

타이어의 다음 발전과정은 단면의 형태를 원형에서 타원형으로 하는 것이었다. 이것에 의해 타이어의 접지면을 넓게 확보하고 구름저항도 그다지 커지지 않으면서 타이어의 높이를 낮출 수 있게 되었다. 타이어를 편평화하는 시도는 1930년대에 시작되어 레이디얼 타이어의 보급과 병행하여 확산되어 오늘에 이르게 된 것이다.

2-3. 고속주행과 공기압

자동차의 조종성 · 안정성③

타이어의 성능은 공기 압력에 의존하는 면이 크지만 공기 압력의 변화가 10% 정도일 경우 성능의 특성은 크게 변하지 않는다. 또한 공기 압력은 시간이 경과됨에 따라 조금씩 낮아지기 때문에 정기적인 점검이 필요하다.

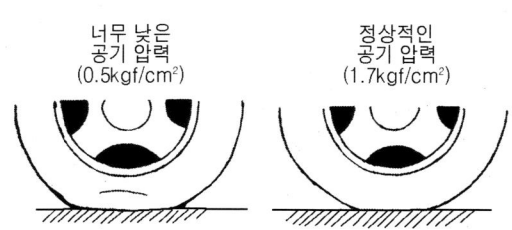

너무 낮은 공기 압력 (0.5kgf/cm²)

정상적인 공기 압력 (1.7kgf/cm²)

▲ 레이디얼 타이어의 경우 노면에 가까운 부분의 변형이 크기 때문에 눈으로만 보았을 때는 공기 압력의 상태를 확인하기 어렵기 때문에 압력계로 측정할 필요가 있다.

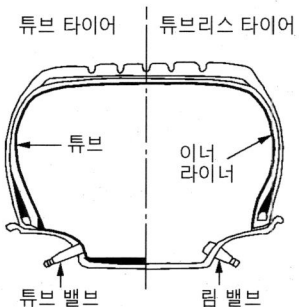

튜브 타이어 | 튜브리스 타이어

튜브

이너 라이너

튜브 밸브   림 밸브

▲ 튜브리스 타이어는 타이어 내측에 공기가 잘 통하지 않는 고무층의 이너 라이너(Inner Liner)와 휠(Wheel)에 의해 공기를 유지하고 있다. 경우에 따라서 휠에 크랙이 발생하여 공기가 빠져나오는 경우도 있으나 타이어가 튜브리스화 되면서 펑크는 상당히 감소되었다.

고속도로를 주행할 때에는 타이어의 공기 압력을 일반도로를 주행할 때보다 0.2~0.3kgf/cm² 또는 10% 정도 높여 주행하도록 적극 홍보된 적이 있었다. 1990년대까지만 해도 타이어 카탈로그의 사용상 유의사항에 이러한 내용이 작은 글자로 적혀있었다. 카탈로그에 공기의 압력을 높여야 하는 이유가 설명되지는 않았지만 당시의 설명으로는 공기의 압력이 낮은 상태에서 고속으로 주행했을 경우 접지부분의 고무에서 발생하는 열에 의해 타이어가 열화(劣化) 및 스탠딩 웨이브(Standing Wave) 현상이 발생하여 위험하기 때문이라는 것이 그 이유였다.

일반적으로 고무는 팽창하거나 수축하면 열을 발생시키는 성질을 가지고 있으며, 그 열에 의해 고무가 열화(劣化) 된다는 것을 알고 있을 것이다. 고속도로가 아니라도 조금 험한 주행을 한 후에 타이어를 만져보면 확실히 열이 발생되어 있는 것을 알 수 있다. 그러나 현재는 타이어의 제조기술이 발전되어 서킷 레이싱(Circuit Racing)의 주행일 경우를 제외하고 타이어가 손상을 받을 정도의 열에 의한 열화는 생각할 수 없다.

　스탠딩 웨이브(Standing Wave)는 바이어스 타이어(Bias Tire)가 공기 압력이 낮은 상태에서 드럼 위를 주행할 때 타이어의 접지면 뒤에서 발생하는 물결 형상으로 1951년 영국에서 발견되었다. 타이어가 구를 때 접지부에서 변형된 트레드는 노면과 떨어지면 원래의 위치로 돌아가려고 하는데 고속으로 주행하는 상태에서는 타이어의 회전이 빠르기 때문에 트레드가 원래의 위치로 돌아가지 못한 상태에서 순간적으로 다시 접지되어 일정속도를 넘으면 접지부의 뒤에서 정상파(스탠딩 웨이브)가 발생되는 것이다.

　정상파(定常波)가 발생하기 시작하는 속도는 트레드의 두께 등 타이어의 구조에 의해 결정되는데 가장 많은 영향을 미치는 것은 타이어가 원래의 형태로 되돌아오려고 하는 회복력으로 레이디얼 타이어(Radial Tire)는 강성이 높은 벨트가 있기 때문에 힘이 크고 발생 한계속도도 크다. 따라서 현재 일반적으로 사용되고 있는 공기 압력의 범위에서는 레이디얼 타이어는 발생되지 않는 현상이라고 생각해도 좋다.

이렇게 보면 고속주행을 할 때 공기의 압력을 10% 정도 높인다고 하는 것은 대부분이 재래식 타이어인 바이어스 타이어에 해당하는 것이 대부분이며, 타이어의 고속성능이 충분하지 않았던 시절의 이야기이다. 그렇다면 현재는 공기 압력과 관계없는 것인가라고 묻는다면 결코 그렇지 않다. 타이어의 성능은 공기 압력에 의해 좌우된다는 사실에는 변함이 없다.

공기 압력을 조절했을 때 자동차의 스티어링과 승차감(乘車感)이 어떻게 변화되는지 이러저러한 이치를 따져보는 것 보다 자신의 자동차로 확인해보는 것이 훨씬 낫다. 승용차의 운전석 도어를 열면 그 아래에 자동차에 장착되어 있는 타이어 크기와 공기압을 나타내는 라벨(Label)이 부착되어 있다. 이 공기 압력이 지정된 공기 압력, 또는 권장 공기 압력이다.

일반적으로 라벨에 적힌 공기 압력(지정 공기 압력)대로 사용하고 있지만 기회가 있을 때 카센터에서 공기 압력을 0.2~0.3kgf/cm² 정도 높이거나 낮추어 주행해보면 그 차이가 어느 정도인지를 알 수 있다. 실제로 운전 경험이 많은 운전자일 경우 0.2~0.3kgf/cm² 정도의 공기 압력의 차이에 의해 자동차의 특성, 특히 한계에 가까운 주행을 했을 때의 특성 차이를 감지할 수 있다. 보통 사람의 경우 0.4~0.5kgf/cm² 이상의 압력으로 변화되지 않으면 차이를 잘 알 수 없다. 이러한 이유에 의해 고속 주행시 타이어의 공기 압력을 더 높여야 한다는 말은 근거를 잃어가고 있다.

또한, 현재 승용차 타이어는 예전부터 사용되던 공기를 넣는 튜브가 없는 **튜브리스 타이어(Tube-less Tire)**를 사용한다. 타이어 내측에 공기가 잘 통하지 않는 고무가 있어 공기가 누출되는 것을 방지하고 있지만 공기는 고무를 투과하는 성질이 있어 공기 압력은 조금씩 낮아진다.

고속도로 주행시 타이어 사용의 실태에 대해 조사한 적이 있는데 펑크 상태에 가까운 공기 압력이 낮은 타이어로 아무렇지도 않게 주행하는 운전자가 조사대상의 15% 전후였다는 데이터가 있다. 공기 압력이 낮으면 고속성능은 물론 차량의 하중을 지지하면서 주행 및 회전, 정지하는 등 타이어의 기본적인 성능을 발휘할 수 없게 된다. 이 때문에 주행 전에 타이어의 공기 압력을 점검하는 습관을 들여야 한다.

2-4. 코너링 포스의 발생

코너링 포스(Cornering Force)는 원심력에 대항하여 타이어가 비틀려 조금 미끄러지면서 접지면을 지지하는 힘으로 타이어의 진행방향에 수직으로 작용한다. 자동차는 이 힘에 의해 코너링(Cornering)을 한다.

일반적으로 타이어의 성능을 말할 때 가장 문제되는 것은 코너를 선회할 때에 타이어가 얼마나 지면을 지지할 수 있는가하는 코너링 성능(Cornering 性能)이다. 원래 타이어는 브레이크가 얼마나 잘 듣는가 또는 승차감 등을 고려하여 자동차의 주행성능과 종합적인 균형을 이루는 것이 가장 중요하다. 이것에 대해서는 나중에 설명하기로 하고 여기서는 타이어의 코너링 성능에 관하여 알아보기로 하자.

앞에서 설명한 타이어의 기능은 발과 같으며, 접지면의 마찰력에 의해 타이어가 노면을 뒤로 밀면서 앞으로 진행한다고 했다. 타이어가 코너링 할 때도 마찬가지로 노면을 밀어 자동차의 방향을 바꾸는데 이때 접지면에는 어떤 형태의 마찰력이 발생하고 있는 것일까. 이해하기 쉽도록 FR 자동차의 앞바퀴와 타이어가 뒷바퀴를 구동시켜 앞으로 진행하고 있는 상태를 생각해보자.

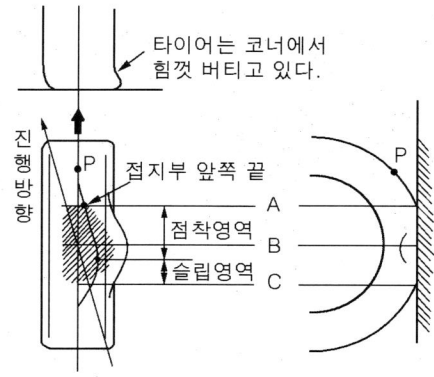

▲ 코너링 포스 발생의 메커니즘 : 코너링 포스는 점착영역에서 고무의 마이크로 슬립(=초미니 미끄러짐)과 히스테리시스 마찰(Hysteresis Friction)에 의해 발생된다.

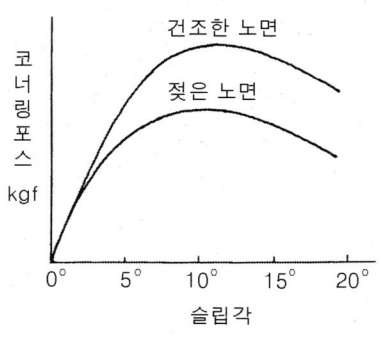

▲ 코너링 포스와 슬립 각의 관계 : 코너링 포스는 슬립 각이 10~15° 일 때 최대가 되며, 그 이상의 슬립 각에서는 타이어가 크게 변형되면서 접지면적이 적어지기 때문에 코너링 포스도 작아진다. 물론 코너링 포스는 건조한 노면 쪽이 크지만 젖은 노면에서도 이러한 경향은 변하지 않는다.

우선 스티어링 휠(Steering Wheel)을 조작하고 있지 않은 상태에서 타이어가 똑바로 전진하고 있는 상태를 생각해보면 접지면에서 타이어의 구름을 방해하는 힘인 구름저항은 뒤쪽으로만 작용한다. 그러나 조향 핸들을 조금 왼쪽으로 돌리면 당연한 이야기겠지만 타이어는 왼쪽으로 향하고 자동차는 원을 그리듯 회전할 것이다. 이때 타이어가 자동차의 중심선에 대해 어느 정도 왼쪽을 향해 있는가를 각도로 나타낸 것이 **조향각(Steering Angle, 操向角)**이다.

그런데 과연 타이어는 가고자하는 방향대로 진행될까? 물론 자동차의 주행속도가 매우 느릴 때는 타이어가 향하고 있는 방향 그대로 진행하지만 속도를 조금씩 높이면 회전에 의한 원심력에 의해 타이어는 바깥쪽으로 밀리게 된다. 이 경우 타이어는 굴러가면서 진행하고자 하는 방향의 바깥쪽으로 미끄러지게 된다. 즉 타이어의 실제 진행방향이 타이어가 향해있는 방향과 달라지는 것이다.

타이어의 실제 진행방향과 향하고 있는 방향이 이루는 각도를 타이어가 진행하고자하는 방향으로 미끄러지면서 진행된다고 하여 **슬립 각(Slip Angle)**이라 하며, 슬립 각을 이루면서 타이어가 굴러갈 때 접지면 상태는 어떨까. 타이어가 향하고 있는 방향과 실제 진행되는 방향이 다르다는 것은 타이어가 그만큼 비틀려 있는 것으로 그 형상을 그림에서 살펴보자.

그림에서 트레드 중심선상의 점 P가 어떤 형태로 접지되고, 접지면에서 어떻게 노면에서 멀어져 가는가를 보면 우선 P는 노면에 가까워짐에 따라 타이어의 중심선상에서 멀어져 A에서 접지된다. A점에서 B점까지는 원심력에 대항하여 트레드가 조금 멀어지면서 지지하는 부분으로 트레드가 미끄러지면서 B점에 다다랐을 때는 더 이상 미끄러지지 않고 원심력이 없어지면서 원래의 형태로 되돌아오려고 하면서 C점에 다다른다. 점 P는 C지점에서 노면에서 떨어져 다시 트레드 중심선상으로 되돌아온다.

이렇게 트레드가 이동하는 가운데 원심력에 대항하여 미끄러지면서 지면을 지지하는 힘은 타이어가 실제 진행하는 방향에 직각으로 작용하며, 자동차를 선회(旋回)하도록 하는 힘이다. 이 힘을 **코너링 포스(Cornering Force)**라고 한다.

코너링 포스는 접지면의 마찰력이기 때문에 당연히 동일한 타이어라면 마찰력이 큰 타이어가 코너링 포스도 크다. 또한 이 코너링 포스는 타이어가 비틀리는 것에 대항하는 힘이기 때문에 슬립 각이 클수록, 트레드의 마찰력이 크다면 부드러운 타이어보다 강성이 크고 단단한 타이어 일수록 코너링 포스가 크다는 것도 알 수 있을 것이다.

그러나 슬립 각이 클수록 코너링 포스가 커지는 것은 슬립 각이 약 10° 이하의 상태를 말한다. 10° 이상이 되면 접지면이 이상(異常)하게 변형되어 미끄러짐이 커지고 코너링 포스는 그다지 커지지 않으며, 슬립 각이 15° 이상이 되면 반대로 감소된다.

여기서는 접지면에 작용하는 힘으로서 코너링 포스만을 설명했지만 타이어가 비틀어짐에 따라 구름 저항도 커지는데, 이 저항력을 **코너링 저항(Cornering 抵抗)**이라 한다. 엄밀히 말하면 접지면에 작용하는 힘은 코너링 포스와 코너링 저항을 합한 힘이며, 이 힘의 방향은 코너링 포스의 방향보다 조금 뒤쪽으로 향한다.

2-5. 접지면의 미끄러짐과 힘의 관계

자동차의 조종성·안정성⑤

스티어링 휠을 회전시킨 채로 있으면 손에 스티어링 휠을 되돌리려고 하는 힘을 느낀다. 이 힘은, 코너링 포스(Cornering Force)를 발생하고 있는 비틀린 타이어가 원래의 형상으로 돌아가려고 하는 힘으로, 복원 토크(Self Aligning Torque)라고 부른다.

코너링 포스는 타이어가 트레드의 표면을 근소하게 미끄러뜨리면서 옆을 향해 힘껏 버티고 있는 상태에서 발생하는 힘이다. 미끄러진다고 하면 제법 눈에 보일만큼 옆으로 움직이는 것과 같은 이미지를 갖고 있을지 모르겠으나, 그렇지는 않다. 바닥이 고무인 운동화를 신고 번쩍번 쩍하게 잘 닦인 커다란 빌딩의 바닥을 걸을 때 뽀드득 뽀드득 하는 큰 소리 때문에 곤란한 경우가 있다. 이것은 운동화 바닥의 고무가 조금씩 미끄러지면서 발생되는 소리로 코너링 포스 가 발생되고 있을 때의 트레드의 미끄러짐도 이와 비슷한 미끄러짐인 것이다.

자동차의 창문을 열고 타이어에서 발생하는 소리를 들으면서 주행하다 보면 코너링을 할 때 소리가 조금 더 커지는 것을 알 수 있다. 소리가 커지는 것은 타이어의 바깥쪽에 하중이 증가되어 접지면적이 커지기 때문이기도 하나, 접지면의 미세한 미끄러짐으로 발생되는 소리 가 원인이기도 하다. 이러한 트레드 고무의 미세한 미끄러짐을 **마이크로 슬립(Mirco Slip)**이라 고 한다.

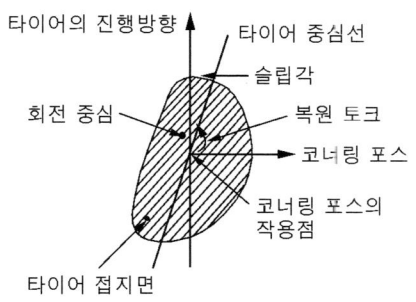

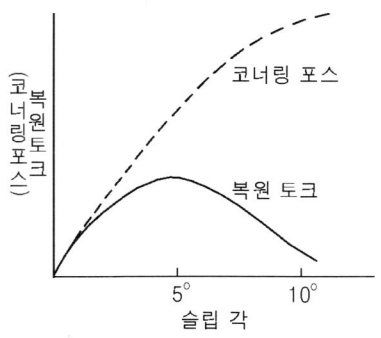

▲ 복원토크 발생 메커니즘 : 복원 토크는 코너링 포스 작용점이 타이어의 회전 중심보다 뒤쪽에 있는 것에 의해서 발생한다. 이론상으로는 코너링 포스의 작용점과 회전 중심과의 거리에 코너링 포스를 곱한 토크로서 계산된다.

▲ 코너링 포스 / 복원 토크와 슬립각의 관계 : 코너링 포스의 정점은 슬립각이 10~15° 부근에서 최대가 되며, 복원 토크는 슬립각의° 5° 부근에서 최대가 된다. 이 이상 슬립각이 커지면 반대로 작아진다.

속도를 증가시켜 코너링을 할 때에 타이어에서 끼-하는 **스퀼(Squeal)**이라 불리는 소리가 발생하는데 이때의 미끄러짐은 마이크로 슬립의 범위를 초과한 것이다. 또한 급브레이크로 타이어가 잠기면(Tire Lock) 『끽-』하는 소리를 내면서 미끄러지거나 자동차가 스핀에 의해서 제어력을 잃고 타이어가 『끽-』하는 소리를 내면서 미끄러지는 것을 스키드(Skid)라 부르며, 일반적으로 슬립과는 구별하고 있다.

그러나 자동차가 코너링을 하고 있을 때 트레드의 접지면에는 고무가 늘어나거나 줄어드는 성질이 있기 때문에 접지면의 전체가 균일하게 미끄러지는 것은 아니다. 장소에 따라 어떤 곳에서는 미끄러짐이 크고, 어떤 곳에서는 마이크로 슬립이 발생하여, 그 슬립의 크기에 따라서 코너링 포스도 발생하게 된다. 따라서 한 부분만으로 전체의 힘을 알아보기에는 쉽지 않다.

여기서 각각의 마이크로 슬립에 의해 발생하는 부분적인 힘을 모두 합하여 하나의 힘으로 접지면 상의 한 점에 집중하여 걸린다고 생각하고, 각각의 마이크로 슬립량도 평균하여 다루는 것이 일반적이다. 힘을 모은 이 점을 작용점(作用點)이라고 부른다.

코너링 포스의 작용점은 트레드 접지면을 전체로 보았을 때 어느 부분에 있는 것일까. 앞에서 서술한 바와 같이 타이어가 향하고 있는 방향과 실제 진행하는 방향이 다르다. 타이어의 비틀림에 의해서 코너링 포스가 발생하며, 동시에 이 비틀림에 의해 구름저항도 발생한다. 이러한 관계에서 비틀림은 뒤쪽에서 조금 더 크게 발생하고 작용점도 타이어의 중심에서 조금 뒤쪽에 위치한다.

타이어 접지면의 진행방향에 대해서 뒤쪽으로 벗어난 위치에 코너링 포스가 걸리면 위 그림으로도 간단히 알 수 있는 것과 같이 타이어 중심의 수직선 주변에 타이어를 원래로 되돌리려고 하는 힘, 바꾸어 말하면 슬립 각을 작게 하는 힘이 발생한다. 이 힘은 비틀린 타이어를 원래의 형태로 되돌리려고 발생하는 힘이라고 생각해도 좋다.

이 힘은 타이어의 수직선 주변의 토크이기 때문에 **복원 토크**, 또는 **셀프 얼라이닝 토크(Self Aligning Torque)**, 줄여서 **SAT**라고 부른다. 얼라이닝은 <일직선으로 나란히 한다>는 의미로, SAT는 타이어가 스스로 똑바로 되려고 하는 힘이다.

이 SAT는 당연히 접지면이 세로로 길어지는 만큼 커지게 된다. 접지면은 타이어의 공기압이 낮을수록 세로로 길어지기 때문에 펑크 등으로 인해 타이어의 공기압이 낮아지면 스티어링 휠이 무거워지는 것은 이 때문이다. 스티어링 휠의 무거움은 물론 이 SAT만으로 결정되는 것은 아니며, 주로 캐스터 각(Caster Angle)에 의해 결정된다.

캐스터 각은 자동차를 옆에서 볼 때 스티어링 휠에 의해 타이어의 회전축이 수직선에 대해 앞 또는 뒤로 어느 정도 기울어져 있는가의 각도를 말한다. 이 각도가 클수록 타이어를 똑바로 전진시키려는 힘이 크며, 타이어의 SAT는 이 캐스터 각에 의해 자동차의 직진 안정성을 돕는 역할도 한다.

2-6. 조종성과 안정성의 관계

주행하고 있는 자동차에 힘이 작용했을 때 자동차가 그 힘에 반응하여 신속하게 움직이는 성질을 조종성(操縱性, Maneuverability)라 하고, 지금까지의 상태를 변함없이 계속해서 주행하려고 하는 성질을 안정성(安定性, Stability)이라고 한다. 이 두 가지의 성질은 트레이드 오프(Trade-off) 관계에 있다고 할 수 있다.

　　자동차의 기본적인 성능은 주행, 회전, 정지의 3가지로 구분하여 생각하면 이해하기 쉽다. 구체적으로 말하면 주행하는 것은 엔진의 동력 성능과 연비, 회전 성능은 주로 조종성과 안정성, 정지는 제동성능이다. 이 중에서 동력 성능과 연비는 엔진의 성능에 의해 표현될 수 있으며, 제동 성능은 브레이크가 잘 듣는지를 체크해보면 알 수 있다. 이에 반해 조종성과 안정성이라는 것은 한마디로 설명하기가 어려우며, 알 것 같으면서도 설명하라고 하면 쉽게 답할 수 없는 성능이다.

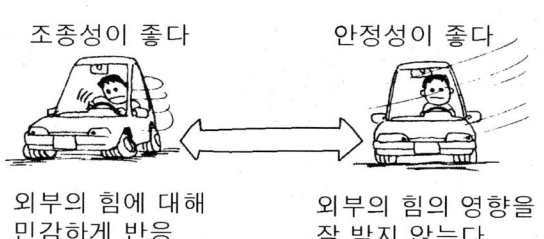

조종성이 좋다

안정성이 좋다

외부의 힘에 대해
민감하게 반응

외부의 힘의 영향을
잘 받지 않는다

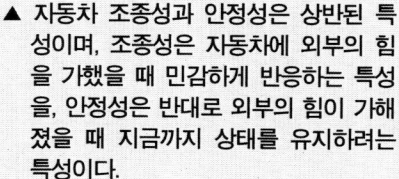

▲ 자동차 조종성과 안정성은 상반된 특성이며, 조종성은 자동차에 외부의 힘을 가했을 때 민감하게 반응하는 특성을, 안정성은 반대로 외부의 힘이 가해졌을 때 지금까지 상태를 유지하려는 특성이다.

▲ 자동차의 특성은 조종성과 안정성의 균형을 어느 정도 이루고 있는가에 의해 결정된다. 새로운 자동차의 개발은 자동차의 컨셉에 따라 테스트를 반복하여 이루어진다.

일반적으로 조종성이라고 하면 운전의 용이함을, 안정성은 자동차가 흔들리지 않으면서 안정적으로 주행하는 것을 말한다. 자동차의 성능을 조금 더 자세히 논의할 경우 이 조종성과 안정성이 어떤 것인가를 좀 더 정확히 정의해 둘 필요가 있다. 여기서는 이 두 가지 특성이 어떤 것인가 알아보기로 하자.

먼저 결론부터 말하면 조종성이란 운전자가 자동차의 진행방향을 바꾸려고 스티어링 휠을 회전시켰을 때 운전자의 의지대로 자동차가 순응하여 움직이는지의 성능을 말하며, 안정성은 자동차의 외부에서 힘이 작용했을 때 진행방향이 바뀌기 어려운지 그렇지 않은지의 특성을 말한다.

즉 운전자가 전방의 도로가 함몰되어 생긴 구멍을 발견하여 신속하게 스티어링 휠을 회전시켰음에도 불구하고 신속하게 회전하지 않거나, 커브를 돌 때에 이 정도로 스티어링 휠을 회전시키면 될 것이라고 생각했는데 코너를 진입하여 보면 스티어링 휠을 너무 많이 회전시켜 다시 반대로 회전시켜야 하는 경우가 자주 발생하는 자동차는 조종성이 나쁘다고 말한다. 또한 스티어링 휠을 조금 회전시키는 것으로도 자동차의 방향이 바뀌어 운전하기 어려운 경우에도 마찬가지로 조종성이 좋지 않다고 말한다.

한편 안정성은 노면의 요철(凹凸)과 타이어의 자국이 있어 그것을 넘으려고 하거나, 옆에서 갑자기 강한 바람이 불어와도 자동차가 똑바로 앞을 향하여 주행할 수 있는 성능을 말하는 것이 일반적이다. 스티어링 휠을 회전시킨 상태에서 코너를 돌고 있을 때 자동차의 자세가 안정되어 있는지에 관한 사항도 안정성이라고 한다.

고속도로에서 앞차를 추월할 때 스티어링 휠을 회전시켜 차선을 벗어나 다시 원래의 차선으로 진입하기 위해 스티어링 휠을 되돌리려고 할 때 흔들리는 자동차는 안정성이 나쁜 것이다.

이렇게 보면 조종성이 좋다는 것은 스티어링 휠을 회전시켰을 때 자동차가 운전자의 조작에 충실하게 반응하는 것으로 스티어링 휠을 회전시켜도 반응이 둔한 자동차를 안정성이 좋다고 하는 것을 알 수 있다.

이와 같이 조종성 및 안정성을 정리해보면 조종성과 안정성은 일반적으로 양립이 어렵고, 조종성을 좋게 하면 안정성이 나빠지는 경우가 많고, 반대로 안정성을 좋게 하면 조종성이 나빠지는 것이 일반적이다.

조종성 및 안정성을 레이싱 카와 대형 리무진으로 비교해보면 간단히 알 수 있다. 레이싱 카는 스티어링 휠을 약간만 회전시켜도 자동차의 진행 방향을 변환할 수 있으며, 코너링 중에 액셀러레이터 페달을 조작하는 것만으로도 자유롭게 원하는 라인으로 주행할 수 있다. 그러나 스티어링 휠의 유격이 매우 작아 직진으로 진행할 때는 스티어링 휠을 꼭 잡아 균형을 유지해야 한다.

리무진의 경우에는 반대로 안정성을 가장 중요시하여 제작되었기 때문에 노면에 바퀴 자국이 있거나 돌풍이 불어와도 자세의 변화 없이 연속하여 주행할 수 있지만 스티어링 휠의 조작에 민감하게 반응하여 작은 코너를 빠르게 도는 것은 어렵다.

이러한 이유로 세상에는 조종성이 완벽하면서 안정성에도 손색이 없는 자동차는 이론적으로는 존재하지 않는다. 카탈로그를 보면 모든 자동차들이 조정성과 안정성이 우수한 자동차라고 적혀있지만, 이것은 극단적으로 조정성만 내세운 자동차도 안전성만을 중요시한 자동차도 아닌 두 가지의 균형이 잘 이루어진 자동차라고 말하는 이유다. 이는 잘 생각해보면 당연한 것이다.

새로운 자동차가 개발되었을 때 자동차의 컨셉에 따라 스포티한 조종성을 중요시한 자동차라면 어떠한 메커니즘을 통해 안정성을 좋게 할 것인가. 안정성을 중요시한 패밀리카라면 조종성을 어떻게 하여 확보할 것인가. 이것이 자동차를 설계하는 엔지니어의 실력을 보여주는 것의 하나로 자동차의 성격이 된다.

2-7. 조향 특성의 표시 방법

자동차의 조종성 · 안정성⑦

스티어링 휠을 회전시킨 상태에서 가속할 때 자동차가 어느 방향으로 진행되는지에 관한 성질이 있는가를 조향 특성(Steer Individuality)이라고 하며, 언더 스티어(Under-steer), 오버 스티어(Over-steer), 뉴트럴 스티어(Neutral-steer), 리버스 스티어(Reverse-steer)가 있다.

조종성 · 안정성(줄여서 조안성)이 논의될 때, 항상 나오는 기술 용어가 자동차의 스티어 특성이다. 스티어라는 것은 스티어링 휠의 스티어링과 같은 의미의 「휠을 조작하는 것」을 뜻하며, 스티어 특성이라는 것은 휠을 회전시켰을 때 자동차의 진행방향이 어떻게 바뀌는가를 말하는 것이다. 이 정도 설명으로는 알기 어렵기 때문에 「스티어링 휠을 어느 정도 크기만큼 틀고 그 상태에서 액셀러레이터 페달을 밟아 가속했을 때 자동차가 어느 방향으로 나아가는 성질이 있는가」를 말한다.

예를 들어, 코너를 돌기 위해 스티어링 휠을 틀어 가속하는 경우를 생각해보자. 이 때 혹시 그 자동차가 생각했던 방향으로 돌지 않고 코너의 바깥쪽을 향해 나아가려고 했다면, 이 자동차는 나아가는 방향을 바꾸지 않으려고 하는 성격의 자동차이다. 앞 장에서 설명한 조종성과 안정성의 정의에 비추어 말하자면 조종성이 나쁘고 안정성은 좋은 경향의 자동차라고 생각할 수 있다.

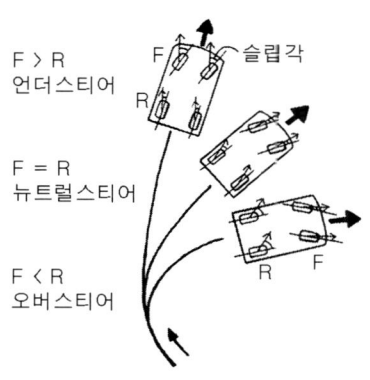

F > R
언더스티어

F = R
뉴트럴스티어

F < R
오버스티어

슬립각

F

R

R

F

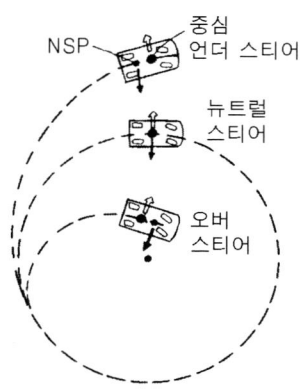

NSP

중심
언더 스티어

뉴트럴
스티어

오버
스티어

▲ 슬립각의 앞·뒤 비교로 나타낸 스티어
특성 : 원주상을 주행하고 있는 자동차
의 앞·뒤 슬립각을 비교하였을 때 앞
부분이 크면 언더 스티어, 뒷부분이 크
면 오버 스티어, 같으면 뉴트럴 스티어
라고 한다.

▲ 중심점과 NSP와의 위치 관계에 의해 나타낸
스티어 특성 : 자동차의 코너링 포스 작용점
(Neutral Steer Point : NSP)과 무게 중심 위
치와의 관계를 조사하여 NSP가 무게 중심보다
뒤에 있으면 언더 스티어, 앞에 있으면 오버 스
티어, 중심에 있으면 뉴트럴 스티어라고 정의
한다.

반대로 코너의 안쪽을 향해 돌아서 들어가는 경향을 보인다면, 진로가 바뀌기 쉬운 성질을
가진 자동차라고 생각될 수 있기 때문에 조종성이 좋으며, 안정성은 좋지 않은 경향을 가진
자동차라고 말할 수 있을 것이다. 물론 조향 특성만으로 조안성(操安性)을 운운할 수 는 없지
만 이와 같이 조향 특성과 조안성은 긴밀한 관계가 있다.

이 스티어 특성에는 3가지 표현 방법이 있다. 모두 어떤 크기의 원을 떠올려 보고 그 원주상
을 스티어링 휠을 회전시킨 각(조향각 : Steering Angle)을 일정하게 유지하면서 자동차의 속
도를 높였을 때 자동차의 중심을 지나는 선회반경이 어떻게 변화되는지 또는 원주를 따라 가속
하였을 때 조향각이 어떻게 변화하는가를 보는 것이다.

첫 번째 원주를 따라 주행하면서 가속하고 있을 때 스티어링 휠을 회전시킨 각, 즉 조향각의
변화로 나타내는 방법이다. 만일 속도를 높이면서 스티어링 휠을 조금 더 틀어 조향각을 크게
하지 않으면 안된다고 가정하자. 이와 같은 특성은 스티어링 휠이 원하는 만큼의 꺾임이 부족
(Under)하기 때문에 언더 스티어(Under-steer)라고 한다. 반대로 자동차가 멋대로 원의 안쪽
으로 들어가려고 한다면 스티어링 휠을 과도하게 꺾은(Over) 것과 같은 특성에서 **오버 스티어**
(Over-steer)라고 한다.

만일 조향각을 변화시킬 필요가 없을 경우에는 **뉴트럴 스티어(Neutral-steer)**라고 한다. 또
한 처음엔 언더 스티어였던 조향 특성이 도중에 오버 스티어로 되고, 반대로 오버 스티어로부
터 언더 스티어로 변했다면 이것을 **리버스 스티어(Reverse-steer)**라고 한다.

두 번째 표현 방법은 앞·뒤 타이어의 슬립 각으로 나타내는 방법이다. 타이어가 향하고 있는 방향과 실제로 굴러가는 방향이 이루는 각도가 슬립 각인데, 코너링 포스는 이 슬립 각이 크면 클수록 크다. 따라서 원주 상을 주행하고 있는 자동차 앞·뒤 타이어의 슬립 각을 비교하여 혹시 앞 타이어의 슬립 각이 커지는 경우 앞 타이어의 코너링 포스가 부족하기 때문에 자동차는 바깥쪽으로 나아가려는 언더 스티어, 반대로 뒤 타이어의 슬립 각이 커지게 되는 경우라면 오버 스티어, 동일하다면 뉴트럴 스티어라 정의한다.

또 한가지는 자동차의 중심과 코너링 포스의 작용점(作用點)의 위치로 표현하는 방법으로, 이것은 자동차의 운동을 해석할 때에 사용하는 경우가 많다.

자동차가 원주상을 선회할 경우를 생각해보면 자동차에는 원운동에 의한 원심력이 발생하고 이 원심력은 자동차의 중심으로 작용한다. 한편, 4개의 타이어는 각각의 코너링 포스가 발생하는데 이것을 합력으로 모두 합하면 무게 중심과 마찬가지로 하나의 점에 집중된다고 생각할 수 있다.

이 코너링 포스를 모은 작용점 위치와 무게 중심 위치와의 관계가 어떻게 되어 있는가를 알아보고 작용점이 무게 중심과 동일한 위치에 있다면 자동차의 선회반경은 변하지 않고 조향 특성은 뉴트럴이라고 생각할 수 있다. 만일 앞 타이어의 코너링 포스가 뒤 타이어보다 클 경우 코너링 포스의 작용점이 무게 중심점보다 앞에 있어 자동차를 구부리려는 힘이 생기기 때문에 오버 스티어, 반대라면 언더 스티어라고 정의할 수 있다.

2-8. 언더 스티어 경향의 FF 자동차

FF 자동차의 앞 타이어는 엔진과 차체의 무게에 견디면서 구동 · 제동 · 코너링의 3가지 역할을 해내고 있다. 타이어 그립(Grip)력의 한계에 가까운 상황에서 사용한 경우 FF 자동차는 언더 스티어가 되기 쉬운 경향이 있다.

　　자동차의 앞쪽에 엔진을 장착하고 앞바퀴로 구동하는 FF(Front Engine Front Drive) 자동차는 언더 스티어의 경향을 강하게 보인다고 한다.

　　언더 스티어라고 하는 것은 어느 반경의 원 외주(外周)를 따라 주행하면서 가속하였을 경우에 스티어링 휠을 한층 꺾을 필요가 있는 특성이다. 현실적으로 발생할 가능성이 있는 사례를 들자면, 코너를 돌아 출구를 향하여 나가려고 액셀러레이터 페달을 밟았을 때 앞 타이어가 바깥쪽으로 향하려는 현상이다. 의도한 주행라인으로 진행하려면 스티어링 휠을 안쪽으로 수정하지 않으면 안 된다.

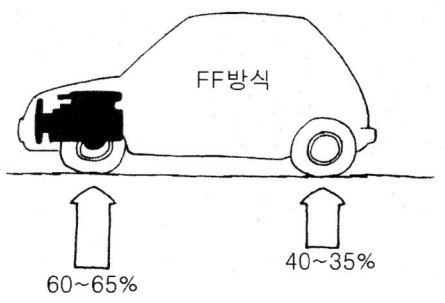

FF방식

60~65%   40~35%

▲ FF 자동차의 앞·뒤 하중의 밸런스는 60:40~65:35로 앞이 무거우며, 조향 특성은 기본적으로 언더 스티어이다.

FF 자동차의 턱-인

▲ 턱 인은 코너링 중 갑자기 액셀러레이터 페달에서 발을 떼었을 때 자동차가 코너의 안쪽으로 진행되려는 움직임을 말한다. 이것은 엔진 브레이크에 의해 앞 타이어에 하중이 증가됨과 동시에 구동력이 없어진 만큼 코너링 포스가 커지는 것에 의해 발생되는 현상이다. 현재 레이디얼 타이어는 하중이 변화되었을 때 코너링 포스 변화가 작기 때문에 턱 인이 발생되어도 그 크기는 작다.

언더 스티어는 원심력에 대항하는 타이어의 마찰력 앞뒤 균형의 관점에서 말하면 앞 타이어 2개의 마찰력이 뒤 타이어 2개의 마찰력보다 작은 상태인데 FF 자동차에서는 왜 이러한 현상이 잘 일어나기 쉬운 것일까.

이것의 주된 이유는 타이어의 마찰력이 자동차의 방향을 바꾸기 위한 횡방향의 힘과 자동차를 앞으로 나아가게 하기 위한 힘 양쪽에 쓰여지기 때문에 가속에 의한 하중의 이동에 의해 앞 타이어의 하중이 감소되어 마찰력이 작아지기 때문이다.

FF 자동차의 엔진룸에는 엔진과 변속기, 디퍼렌셜 기어(Differential Gear : 차동기어) 가 일체화 되어 높여 있어, 앞·뒤의 중량 밸런스는 약 60 : 40~65 : 35로 앞이 무거운 것이 일반적이다. 원심력은 자동차의 무게중심으로 작용하는데 그 무게중심이 조금 앞으로 쏠려 있기 때문에 원래 FF 자동차의 앞 타이어는 뒤 타이어보다 큰 마찰력을 발생시키는 여유가 없어서는 안 된다.

타이어에서 발생시킬 수 있는 마찰력에 여유가 있을 때와 코너링 속도가 느려 원심력이 작을 때에는 문제가 없다. 그러나 앞 타이어의 마찰력이 원심력을 겨우 상회하고 있고 코너링하려고 할 때 더욱 가속하기 위해 구동력이 걸리면 이 때문에 마찰력의 일부를 빼앗겨 횡방향의 힘은 작아지고 타이어는 바깥쪽으로 밀려나버린다. 코너의 중간까지 어떻게 해서든 스티어링 휠을 꺾은 방향으로 진행하고 있던 자동차가 액셀러레이터 페달을 밟아 가속하기 시작하면 바깥쪽으로 밀려나는 것은 이 때문이다.

그런데 발진시 자동차의 앞부분이 솟아오르고, 브레이크를 작동시켰을 때 가라앉는 현상은 가속과 감속에 의해 중심이 앞·뒤로 이동하기 때문인 것은 잘 알려져 있다. 이것은 우리가 전력으로 질주할 때 몸을 앞으로 기울어진 자세로 중심을 앞에 두거나, 달리기를 하다가 갑자기 멈추려고 발가락 끝으로 서게 될 때 체험하는 것이다.

마찰력은 하중에 비례하여 변화한다. 하프 스로틀(Half Throttle)로 코너링을 하고 있는 상태에서 가속하면 무게중심이 뒤로 이동하기 때문에 그 만큼 앞 타이어에 걸리는 하중이 작아져 마찰력도 작아져 언더 스티어가 강해지는 것이다.

타이어의 마찰력이 작은 바이어스 타이어(Bias Tire)가 주류를 이루었던 시절에는 FF 자동차에서 턱 인(Tuck-In)이라는 현상이 자주 발생했다. 즉, 한계 속도로 코너링하고 있을 때 갑자기 액셀러레이터 페달에서 발을 떼면 자동차가 코너의 안쪽으로 나아가는 것이다.

턱 인은 자동차를 가속했을 때 언더 스티어와는 반대되는 현상으로 엔진 브레이크가 작동되는 것에 의해 앞 타이어에 하중이 증가되어 코너링 포스가 커지는 것에 더하여, 앞 타이어의 구동력이 작아지는 만큼 횡방향의 마찰력, 즉 코너링 포스가 커지는 것에 의해서 발생한다.

현재 승용차에서 사용되고 있는 레이디얼 타이어(Radial Tire)는 코너링 포스의 최대 값이 바이어스 타이어에 비해 월등히 크고 작은 슬립 각에서도 여유로운 코너링을 할 수 있다. 또한 하중이 약간 변화되어도 바이어스 타이어와 같이 코너링 포스가 크게 변화되는 경우가 없기 때문에 일반적으로 주행하면서 턱 인이 발생하는 경우는 없다 해도 좋을 것이다.

FF 자동차는 기본적으로 언더 스티어의 특성이 되기 쉽기 때문에 이러한 점을 충분히 고려하여 다음 장에서 설명하는 코너링시 타이어 자세를 앞·뒤에서 바꾸거나, 하중의 이동이 생길 때에도 가능한 한 뒤 타이어에 하중이 작아지지 않도록 하는 등 설계상의 연구가 이루어지고 있다.

2-9. FR 자동차의 조향 특성

자동차의 조종성 · 안정성⑨

FR 자동차는 앞 타이어가 자동차의 진행 방향을 바꾸고 뒤 타이어가 자동차를 앞으로 진행하도록 하는 식으로 역할 분담이 명확하다. 따라서 조향 특성을 컨트롤하기 쉬운 레이아웃이다.

엔진이 앞에 장착되어 있고 뒤 타이어로 구동하는 것이 FR 자동차야

앞 타이어는 자동차의 주행방향을 바꾸는데 여념이 없어

뒤 타이어는 자동차를 앞으로 나아가게하는 역할 만을 해

그러니까 자동차의 조종성의 앞뒤 균형을 맞추기 쉽구나

그래서 앞에 장착되어 있는 엔진의 출력을 뒤 타이어에 전달하는 것이 힘들구나

그렇지

그 만큼 기구가 복잡하게 되면서 실내도 좁아져

최근 FF(Front Engine Front Drive) 스포츠카가 증가되고 있지만 최고의 스피드를 추구하는 레이싱 카를 다양하게 시험한 결과, 결국은 후륜 구동으로 정착된 것과 같이 본격적인 스포츠 주행에는 FF 자동차보다 FR(Front Engine Rear Drive) 자동차와 MR(Midship Engine Rear Drive) 자동차가 적합하다. 이것은 왜일까?

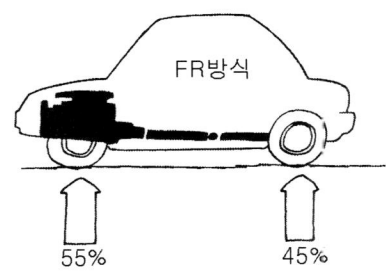

FR방식

55%   45%

FR차 드리프트 주행

▲ FR 자동차의 앞뒤 중량의 균형은 55 : 45 정도이며, FF 자동차에 비교하면 무게중심이 중앙에 치우쳐 있다. 오버 스티어와 언더 스티어의 특성을 만들어 내기 쉬운 레이아웃이다. 일반적으로는 운전하기 쉬운 약한 언더 스티어로 되어 있다.

▲ FR 자동차는 구동력을 크게 하여 뒤 타이어에 전달하는 것에 의해서 세로방향과 가로방향의 그립력을 나누어 사용하여 자동차의 진행 방향을 변화시키고 동시에 가속도 실시하는 드리프트 주행이 가능한 특징도 가지고 있다.

　조향 특성에 비추어 말하자면 FF 자동차는 기본적으로 언더 스티어의 성질을 가지고 있기 때문에 조향 핸들을 꺾어 가속하는 조작을 했을 때 요구하는 방향으로 나아가기 어려운 성질이 있어, 자동차로서는 좌우의 움직임을 전달하려 해도 잘 움직이지 않으려는 성격을 가지고 있다. 조종성의 측면에서 보면 안정성이 좋은 자동차이면서 앞 타이어로 구동하기 때문에 자동차를 끌고 가는 레이아웃으로 이를 돕고 있다.

　FF 자동차는 주행하는데 필요한 모든 장치가 엔진 룸 안에 장착되어 있기 때문에 캐빈과 트렁크 룸을 넓힐 수 있는 등 거주성의 면에서도 우수하며, 일반적으로 자동차에 요구되는 다양한 성능을 거의 만족시키고 있다는 점에서 앞으로도 주류의 자리를 계속 이어나갈 것으로 보인다.

　그러면 FR 자동차는 FF 자동차와는 대조적으로 오버 스티어인가하면 그렇지도 않다. FR 자동차는 뒤 타이어가 자동차를 밀고 있기 때문에 FF 자동차와 비교하면 안정성의 면에서 불리하지만 조향 특성은 앞뒤 타이어의 마찰력의 균형에 의해서 결정되기 때문에 몇 가지 보완을 하면 충분히 커버할 수 있는 범위이다. FR 자동차는 한마디로 말하면 언더 스티어에도 오버 스티어에도 대응 가능한 자유도가 높은 레이아웃이라고 말할 수 있다.

　FR 자동차는 조향 특성의 자유도를 높이고 있는 것 중 하나는 자동차의 진행 방향을 바꾸는 것은 앞 타이어로, 엔진의 구동력을 노면에 전달하는 것은 뒤 타이어로 일의 분담이 확실히 나누어져 있기 때문이다. 예를 들면 언더 스티어가 강한 자동차라도 언더 스티어를 약하게 하려면 앞 타이어의 마찰력을 크게 하고 뒤 타이어의 마찰력을 작게 한다. 이 두 가지를 동시에 하면 조향 특성 3가지 방법을 상당히 자유롭게 사용할 수 있다.

FF 자동차도 마찬가지인데 앞 타이어는 자동차의 진행 방향을 바꿈과 엔진의 구동력을 노면에 전달하고 있기 때문에 구동 바퀴일 경우 어떻게 되는가를 생각하여야 하며, 뒤 타이어는 단지 굴러가기만 하기 때문에 여러 가지 방법을 연구해도 그 특성을 변화시키기 어렵다.

FR 자동차의 조향 특성을 변화시키는 것에는 또 한 가지의 방법이 있다. 이것은 FF 자동차에서 앞 타이어 마찰력의 부분에서 본 것과 같이 타이어의 횡방향 마찰력의 크기가 구동력의 크기에 따라 변화되는 현상을 이용하는 것이다. 즉, 액셀러레이터 페달을 밟는 정도에 따라 조향 특성을 바꿀 수 있다.

뒤 타이어가 한계에 가까운 횡방향의 마찰력과 구동바퀴와의 균형으로 코너링하고 있다고 하면, 이 때 운전자가 조금 더 액셀러레이터 페달을 밟아 구동력을 크게 하면 횡방향의 마찰력은 작아지기 때문에 앞 타이어의 횡방향 마찰력이 변화되지 않으면 조향 특성은 오버 스티어가 되며, 뒤 타이어는 바깥쪽으로 밀려나간다. 반대로 액셀러레이터 페달을 느슨하게 밟으면 횡방향의 마찰력이 작아져 언더 스티어가 된다. 이 때 타이어 횡방향의 미끄러짐을 영어로 표류하는 것을 의미하는 **드리프트(Drift)**라고 한다.

또 하나 **스키드(Skid)**라는 용어도 있는데 이것은 급브레이크 등에서 타이어가 잠긴 상태에서 미끄러져 나가는 것을 말할 때 사용되는 표현이며, 타이어가 구르면서 미끄러지는 것과는 구분하고 있다고 앞에서 설명하였다. 앞 타이어의 마찰력은 스티어링 휠을 조작하여 슬립 각을 제어하면 자유롭게 바꿀 수 있으며, 뒤 타이어의 마찰력이 드리프트(Drift)의 테크닉을 사용하여 제어할 수 있다. 레이싱 카의 운전자는 이렇게 하여 자동차의 조향 특성을 자유롭게 조작할 수 있는 것이다.

또한 뒤 타이어를 드리프트 시켜 앞 타이어의 진행방향을 스티어링 휠로 수정하면서 주행하는 방법이 드리프트 주행이며, 뒤 타이어에 강한 구동력을 전달하여 앞 타이어에도 드리프트 시키듯 주행하는 방법을 4륜 드리프트라고 부른다. 이렇게 하여 FF 자동차와 비교하면 조종성과 안정성의 균형을 자동차의 세팅과 드라이브 테크닉 양면에서 FR 자동차보다 자유롭게 바꿀 수 있는 특징을 가지고 있다.

2-10. 오버 스티어 미드십 자동차

미드십 자동차는 뒤 타이어에 가해지는 하중이 크기 때문에 보통 약한 언더 스티어 (Under Steer)의 경향을 보이지만 풀 스로틀(Full Throttle)로 가속하면 오버 스티어(Over Steer)의 경향이 되기 쉽다. 이러한 특성에 익숙하지 않을 경우 미드십 형식의 자동차를 능숙하게 운전하기 어렵다.

자동차의 조종성 · 안정성⑩

　　엔진을 운전자 뒤에 탑재하여, 뒤 타이어를 구동하는 방식은 미드십 엔진(Midship Engine) · 리어 드라이브(Rear Drive)를 줄여서 MR이라고 부르는데, 이 레이아웃을 적용한 자동차를 보통 미드십 자동차라고 부른다. 다 알고 있겠지만 레이싱 카는 원래 본격적인 스포츠카가 되면 이 MR 방식을 채택하는 것이 상식인데, 이것은 왜일까. 레이싱 카를 예로 들어 살펴보자.

　　조종성과 안정성의 균형이라는 관점에서 보면 레이싱 카는 조종성을 부각시킨 자동차이다. 물론 자동차가 어디로 갈지 알 수 없다면 곤란하기 때문에 운전자가 컨트롤 할 수 있는 범위로 안정성은 확보한 후의 이야기겠으나, 운전자가 의도한 대로 순간의 지체도 없이 반응할 수 있는 자동차를 이상으로 삼고 있다

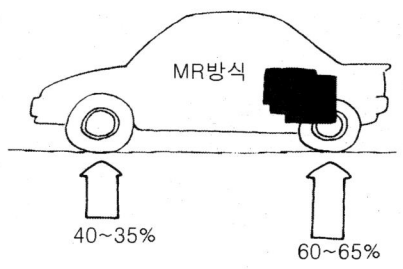

▲ MR 자동차의 앞·뒤 중량의 밸런스는 40 : 60에서 35 : 65로 구동력이 걸리는 뒷 바퀴의 하중이 크고, 하프 스로틀에서 약한 언더 스티어이고, 풀 스로틀에서 가속할 때는 오버 스티어가 되도록 세팅되어 있는 것이 보통이다.

▲ MR 자동차는 부품 중에서도 가장 무거운 엔진이 자동차의 중앙 약간 후방에 있어, 피겨 스케이팅에서 스핀과 같은 원리로 자동차의 선회성능이 좋으며, 스티어링 휠의 조작에 대하여 신속하게 반응하고, 복원성(復元性)이 좋다.

구동방식은 FR 자동차의 경우와 마찬가지로 조종성을 바꾸려고 할 때의 자유도가 크고, 운전자의 의지대로 세팅이 쉬운 뒷바퀴 구동이어야 하나, 그것 이상으로 엔진이 자동차의 거의 중앙 뒤쪽에 있는 것이 큰 의미를 가지고 있다.

최근에는 텔레비전 시대극에서 밖에 볼 수 없지만 약 40~50년 전까지는 멜대의 양 끝에 물고기와 야채 등 짐을 걸고 돌아다니면서 물건을 파는 사람의 모습을 자주 볼 수 있었다. 이 멜대는 짊어지는 사람의 몸집과 매단 물건의 하중에 따라 적정한 길이가 존재하는데 넓은 도로를 곧바로 걷는 데에는 길이가 긴 것이 좋지만 모퉁이를 돌 때에는 짧은 것이 좋다. 큰 길을 돌 때에는 양쪽의 짐에 손을 힘껏 뻗어 끌어당기면서 도는 것이 요령이다.

피겨 스케이트(Figure Skate)를 보면 양손을 크게 벌려 힘을 실어 스핀이 시작되고, 양손을 가슴에 대면 눈에 보이지 않을 만큼의 속도로 회전하고 다시 양손을 펴면 속도는 느려지는 장면이 볼 수 있다. 이러한 사례에서 알 수 있듯이 물건을 회전시킬 때는 가능한 한 중량을 회전 중심(中心)에 가까운 곳에 집중하는 쪽이 회전하기 쉽다. 이 원리를 이용하여 미드십 자동차는 자동차의 부품 중에서도 가장 무거운 엔진을 중앙에 두고 선회성능을 향상시킨 것으로 스티어링 휠을 조작할 때 자동차가 신속하게 반응하는 것이다.

포뮬러카(Formula Car=규격에 따라 설계된 경기용 자동차)에서는 일찍이 라디에이터(Radiator)를 외부 공기와 접촉하기 쉬운 프런트 노우즈(Front Nose)에 있었으나, 현재는 엔진의 바로 옆에 장착하는 사이드 라디에이터(Side Radiator)가 일반적인 것도 이 때문이다.

엔진을 자동차의 중앙 뒤쪽 가까이에 장착하여 얻을 수 있는 한 가지 이점은 앞·뒤 하중의 배분이 4대 6으로 뒤 타이어 측에 크게 가해지도록 하는 것에 있다. 이것에 의해 구동력이 걸리는 뒤 타이어에 하중을 가함으로써 엔진의 파워를 충분히 활용하는 것이 가능하다.

타이어의 마찰력을 구동 측에 사용하면 당연히 타이어의 횡방향 그립(Grip)력에는 여유가 없어지기 때문에 MR 자동차의 한계에 가까운 코너링에서 조향 특성은 오버 스티어가 된다. 이 때문에 고성능의 스포츠카에서는 뒤 타이어를 앞 타이어보다 크게 하여 그립력의 총합계를 크게 하는 것이 일반적이다. 그러나 앞 타이어의 크기를 뒤 타이어보다 작게 하면 뒤 타이어에 구동력이 없이 코너링을 했을 경우 앞 타이어의 코너링 포스가 부족하여 언더 스티어의 경향을 보이는 것이다.

FR 자동차와 마찬가지로 MR 자동차도 액셀러레이터 페달을 컨트롤하여 언더 스티어 및 오버 스티어도 가능하지만 MR 자동차는 특히 출력이 큰 엔진을 탑재하고 있는 것만으로 이 특성을 적절하게 나누어 사용할 수 없기 때문에 능숙하게 운전할 수 없는 것이다.

MR방식의 스포츠카라 하더라도 양산차의 경우에는 현실적으로 능숙하게 조종할 수 있는 사람만이 운전하는 것은 아니다. 자동차는 어떤 상황에서도 쾌적하게 주행하여야 하기 때문에 MR 자동차나 FR 자동차 모두 하프 스로틀(Half Throttle)로 정속(Cruising)주행할 경우에는 약한 언더 스티어로, 풀 스로틀과 이에 가까운 가속을 할 때에는 오버 스티어가 되도록 서스펜션이 설정되어 있는 것이 보통이다.

2-11. 조종 · 안정성과 승차감의 관계

자동차의 조종성 · 안정성⑪

자동차의 승차감에 대해 말할 때 시트에 앉아 있는 감촉과 에어컨이 잘 작동하고 있는지 등의 쾌적성을 포함하여 말하는 경우가 많으며, 사람에 따라서는 그 평가가 다르다. 자동차 승차감의 객관적인 평가는 진동 승차감이 어떤지에 의해 행해진다.

 자동차의 성능을 말할 때 엔진의 출력이 어떻다던가, 코너를 어느 정도 신속하게 빠져나갈 수 있을까 등 우선 운동성능을 떠올리는데 잊어서는 안 되는 것이 바로 승차감이다. 아무리 운동성능이 우수한 자동차라도 승차감이 나쁘면 고성능의 자동차라고는 할 수 없을 것이다.
 여기서 승차감이라는 것은 무엇인가 살펴보지 않을 수 없는데 의외로 그 정의는 명확하지 않다. 동일한 자동차에서도 사람에 따라 느낌이 다른데 예를 들어, 시트가 응접실의 소파와 같이 된 경우 부드러워 승차감이 좋다고 하는 사람과 폭신폭신해서 몸을 확실하게 지탱할 수 없어 승차감이 나쁘다고 하는 사람이 있을 경우 승차감이라는 것은 무엇이고, 무엇이 좋고 나쁜 것을 어떻게 결정하는지를 물어도 답하기기 어렵다.

▲ 넓은 의미에서 자동차의 승차감은 사람에 따라 느끼는 방식이 다르기 때문에 일반적으로 승차감이라고 하면 노면에서 발생되는 진동이 어떤 방법으로 승객에게 전달되어 어떤 상태로 느껴지는가를 진동 승차감이라고 부르며, 검토의 대상으로 삼고 있다.

▲ 진동 승차감 뿐만 아니라 거주성도 포함하여 자동차의 승차감을 표현하는 경우에는 일반적으로 NVH라고 부르는 특성을 평가한다. N은 소음(Noise), V는 진동(Vibration), H는 고가도로의 이음매 등에서 느낄 수 있는 탁 탁 하는 소리(Harshness)를 말한다.

이러한 이유로 인해 자동차의 성능으로서 승차감을 말할 때는 '노면의 요철에 의해 발생한 진동과 소음을 탑승하고 있는 사람이 어느 정도 느끼는가'를 진동 승차감이라고 하며, 시트에 앉아 있는 느낌이나 에어컨의 상쾌함, 외부에서 들어오는 채광의 정도 등은 넓은 의미의 승차감으로서 거주성 또는 쾌적성으로 구별하고 있다. 여기에서는 진동 승차감을 단순히 승차감이라고 부르고 이야기를 해나가고자 한다.

자동차가 주행하면 나타나는 둥실둥실 흔들리는 진동과 배까지 흔들림이 오는 울퉁불퉁한 진동, 스티어링 휠의 떠는 진동 등 다양한 진동과 소음이 발생한다.

이러한 진동과 소음을 작게 하려는 경우 『울퉁불퉁』과 『드르르』 하는 현상을 정확하게 표현할 수 없기 때문에 주파수라는 용어를 사용한다. 주파수는 떨림의 반복이 1초 동안에 몇 회가 발생하는지를 말하는 것으로 단위로는 전자파의 존재를 실증한 독일 물리학자의 이름을 딴 「헤르츠(Hz)」가 사용되고 있다. 자동차가 주행하면서 느리게 뒤우뚱 거리는 진동은 1~2Hz로 1초 동안에 1~2회 흔들리는 진동, 몸이 부르르 떨리는 진동은 8~15Hz로 1초 동안에 8~15회 흔들리는 진동을 말한다.

일반적으로 진동이라고 하면 어느 정도 정해진 주파수의 진동뿐만 아니라 몇 개의 주파수 진동이 동시에 발생하여 복잡한 진동으로 느껴진다. 사람이 가장 느끼기 쉬운 상하 진동의 주파수는 5~7Hz로 사람의 내장이 가장 잘 떨리기 쉽기 때문이며, 진동 중에 이 주파수의 진동이 포함되면 불쾌감이 강한 진동을 느끼게 된다. 특히 자동차가 고가 도로의 이음새를 타고 넘을 때의 '탁' 하는 소리의 진동은 하시니스(Harshness)라고 불리며 딱딱한 진동은 문제가 되는 경우가 많은데, 이 진동의 경우에도 5~7Hz의 주파수가 포함되어 있다. 또한 진동과 소음은 같은 것으로 진동 중에 귀에 들리는 부분을 소음이라 한다.

노면에서 발생되는 진동을 흡수하여 차체에 전달되지 않도록 하는 것은 서스펜션의 중요한 역할이다. 노면에서 발생되는 진동 중에서 주파수의 범위가 낮은 것은 주로 스프링으로, 높은 것은 서스펜션이 바디에 장착되어 있는 부문의 고무 부시(Bush)가 흡수하며, 스프링과 부시는 유연(柔軟) 할수록 진동을 흡수하기 쉽다는 것은 말하지 않아도 알 것이다.

그러나 스프링과 부시를 너무 유연한 것으로 사용하면 승차감은 좋아지지만 동시에 조종 안정성에 문제가 생긴다. 즉, 서스펜션이 유연하다는 것은 그 만큼 타이어와 차체의 연결이 약하다는 것을 말하며, 극단적으로 표현하면 스티어링 휠을 회전시켜도 자동차는 타이어가 향하고 있는 방향으로 즉시 나아가지 않게 된다.

조종 안정성을 좋게 하기 위해서는 튠업(Tune Up)에 의해서 스프링을 강하게 하거나 부시를 딱딱하게 하고 있으며, 레이싱 카에서는 서스펜션 암을 연결하는 부분에 금속으로 되어 있는 메탈 부시(Metal Bush)를 사용하는 경우도 있기 때문이다.

이와 같이 진동 승차감은 서스펜션이 유연할수록 좋은데 승차감은 또 한 가지 자동차의 중량과 서스펜션 중량의 관계가 어떻게 되어 있느냐에 따라 커다란 영향을 준다. 동일한 서스펜션에서도 대형자동차와 소형자동차에서 승차감이 전혀 다르다는 것은 누구라도 알고 있다. 이것에 대해서는 스프링의 특성 부분에서 상세하게 알아보기로 하자. 어떻든 간에 진동 승차감과 조종 안정성의 양립은 어려운 관계에 있으며, 이 균형이 어떻게 되어 있는지가 자동차의 평가를 결정하는 중요한 요소 중의 하나라는 것은 확실하다.

3-1. 스프링의 특성

스프링의 특성은 하중이 가해졌을 때 어느 정도의 변형이 발생되는가를 나타내는 스프링 정수(Spring Rate)로 표현한다. 이것은 자동차의 승차감 등을 결정하는 요소 중 하나가 되기 때문에 서스펜션의 스프링 정수(定數)를 어떻게 하는가가 매우 중요하다.

 서스펜션은 차축과 차체를 연결하여, 엔진으로부터의 구동력을 노면에 전달하기 위해 타이어의 위치를 결정해 노면에 바른 자세로 밀착시키는 것과 노면에서 발생되는 진동을 완화하는 것이 주요 기능인데 실제로 이러한 역할을 하는 것은 서스펜션에 장착되어 있는 스프링이다.
 스프링은 힘을 가하면 형태가 변화되고 가한 힘을 제거하면 원래의 형태로 돌아가는 성질을 갖는 기계요소이다. 자동차에는 엔진의 밸브 스프링(Valve Spring)을 비롯하여 브레이크 슈 리턴 스프링(Brake Shoe Return Spring) 등 많이 사용되고 있다. 여기서는 서스펜션에 사용되고 있는 스프링에 대하여 알아 볼 예정인데 이 성질은 물론 다른 스프링과 동일하다.

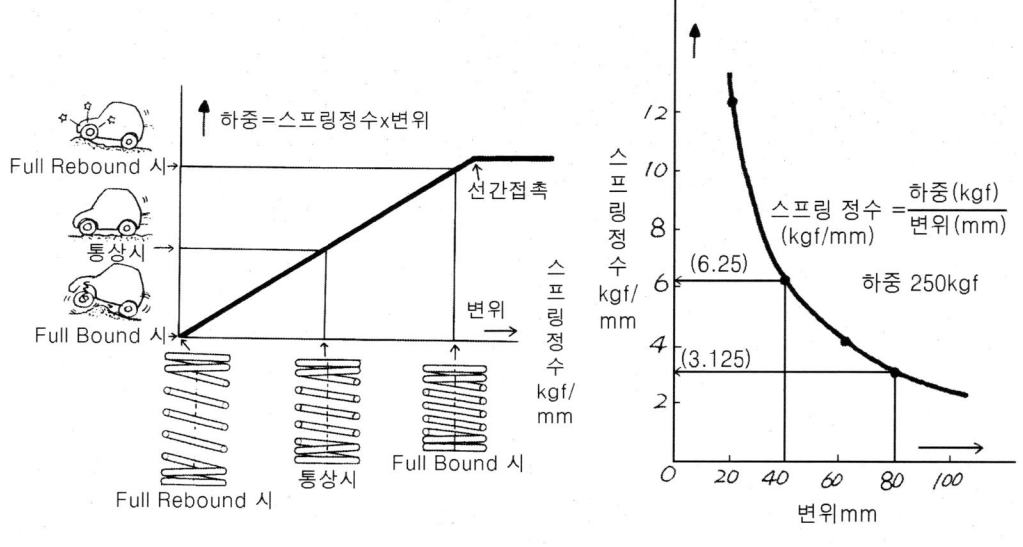

하중=스프링정수x변위

Full Rebound 시

통상시

Full Bound 시

선간접촉

변위

스프링정수 kgf/mm

Full Rebound 시　　통상시　　Full Bound 시

스프링정수 kgf/mm

스프링 정수 = $\dfrac{하중(kgf)}{변위(mm)}$ (kgf/mm)

하중 250kgf

(6.25)

(3.125)

변위mm

▲ 스프링의 변형과 하중과의 관계 : 스프링의 변형과 하중은 비례관계에 있어서 그 비례정수가 스프링 정수이다.

▲ 스프링의 변형과 스프링 정수와의 관계 : 스프링의 정수는 하중을 변위로 나누어 구할 수 있다. 예를 들어 250kgf 의 하중을 가하였을 때 변형이 40mm 이면 스프링 정수는 6.25, 80mm 라면 그 절반인 3.125가 된다.

　스프링의 특성은 **스프링 정수**라는 수치로 나타낸다. 이것은 스프링에 작용하는 하중을 그 하중에 의해서 발생된 변위로 나누어 구하며, 수식으로 나타내면 '스프링정수 = 하중 / 변위'로 나타낼 수 있다. 즉 하중이 일정하면 변형이 적을수록, 변형되기 어려울수록 스프링 정수는 커진다. 하중의 단위로는 kgf, 변위의 단위로 mm가 사용되기 때문에 스프링 정수 단위는 kgf/mm가 된다. 수식으로 표현하면 어려울지 모르겠으나, 스프링 정수, 하중, 변위의 셋 관계가 어떻게 되어 있는가를 알아보는데 매우 편리하다.

　우선 '스프링정수=하중 / 변위' 공식은 자동차에 장착되어 있는 스프링의 스프링 정수가 얼마인가를 알고 싶을 때 쓸 수 있다. 예를 들어 누군가 하중을 측정할 수 있는 저울에 타이어를 올려놓고 그 부분의 높이를 노면으로부터 측정한다. 그 다음으로 자동차에 무거운 물건을 올려놓고 다시 한 번 높이의 변화를 측정하여 몇 mm의 변형이 발생되었는지를 확인하여 증가된 하중을 변형량으로 나누면 그 스프링의 스프링 정수를 알 수 있다. 정확하게 알아보려면 스프링을 빼내어 하중과 변형의 관계를 확실하게 측정하여야 하지만 원리적으로는 동일하다.

　이 식에서 스프링의 길이를 바꾸었을 때 스프링 정수가 어떻게 변화되는 가를 간단하게 알 수 있는데 예를 들어 스프링 정수가 2.0kgf/mm의 스프링을 1/2로 잘랐다고 가정하면 동일한 자동차일 경우 스프링의 변형도 1/2로 감소된다. 공식을 통하여 살펴보면 변형이 1/2이면 스프링 정수는 2배인 4.0kgf/mm가 되는 것을 알 수 있다. 스프링을 잘라서 자동차의 높이를 낮춘 경우에 자동차가 통통 튀듯이 주행하는 것은 이 때문이다. 반대로 동일한 스프링의 유연성을 2배로 하려면 스프링의 길이를 2버로 해야 하는데 실제로는 스프링 정수를 변경할 때 스프링의 길이뿐만 아니라 두께도 바꾸는 것이 일반적이다.

'하중 = 스프링 정수 × 변위' 공식에서 스프링 정수를 알고 있을 때 변형량을 구하여 곱하면 스프링에 가해지는 하중을 구할 수 있다는 것을 나타낸다. 스프링 저울은 이러한 공식을 응용한 한 도구로 스프링 저울에 스프링 정수 0.1kgf/mm의 것이 사용되었다면 10mm의 변형이 발생된 곳에 1kgf, 20mm의 변형이 발생된 곳에 2kgf의 눈금이 설정되어 있어 중량을 알 수 있도록 한 것이다.

이 공식은 스프링의 특성을 나타내는데 많이 사용된다. 그래프 상의 가로축에는 변형량을 기록하고, 변형량에 정수를 곱하여 구한 하중을 세로축에 기록하여 두 그래프의 교차점을 이으면 직선을 얻을 수 있다. 동일한 변형량일 경우 스프링 정수가 작을수록 하중이 작기 때문에 스프링 정수가 작을수록 그래프의 기울기가 크고, 스프링 정수가 클수록 그래프의 기울기가 작게 나타낸다. 그래프의 기울기르 스프링의 스프링 정수의 비교가 가능한 것이다.

'변위 = 하중 / 스프링정수' 공식은 하중이 증가되거나 감소될 때 변형량이 어떻게 변화되는가를 나타내는 것으로 스프링 정수를 알고 있으면 몇 kgf의 하중이 가해지면 자동차의 높이가 몇 mm 낮아지는가를 계산할 수 있을 것이다.

스프링 정수를 모르는 경우에드 앞·뒤 타이어에 동일한 하중이 가해지고 100kgf의 중량물을 적재하였다고 가정할 때 자동차의 높이가 12.5mm 낮아졌다고 하면 중량이 배가되는 200kgf의 중량물을 적재하였을 때 자동차의 높이는 25mm 낮아진다는 것을 알 수 있다. 이 경우에는 '스프링정수 = 하중 / 변위' 식으로 계산하면 이 자동차의 스프링 정수는 2.0kgf/mm인 것을 알 수 있다.

3-2. 서스펜션의 단단함과 자동차의 흔들림

스프링과 쇽업소버②

진동 승차감은 스프링 정수와 자동차 중량과의 관계가 어떻게 되어 있는가에 따라 결정된다. 가벼운 자동차에 딱딱한 스프링을 장착하면 승차감이 좋지 않은데 동일한 스프링을 무거운 자동차에 장착하면 이야기는 달라진다.

    지방의 도로가 포장되지 않았던 30년도 더 된 오래전의 이야기나 자동차가 어느 정도의 속도를 높여 주행할 수 있게 되었을 무렵 빨래판 도로라는 것이 화제가 된 적이 있다. 지면에 파도 물결과 같이 높이 수cm, 간격이 수십cm의 요철(凹凸)이 마치 빨래판과 같이 연속해서 이루어져 있는 것으로 요철이 있는 도로를 천천히 주행하면 자동차가 상하로 크게 흔들리고, 빠르게 주행하면 서스펜션이 부서지지 않을까 생각될 정도로 진동이 크게 발생되어 주행에 어려움이 있었다.

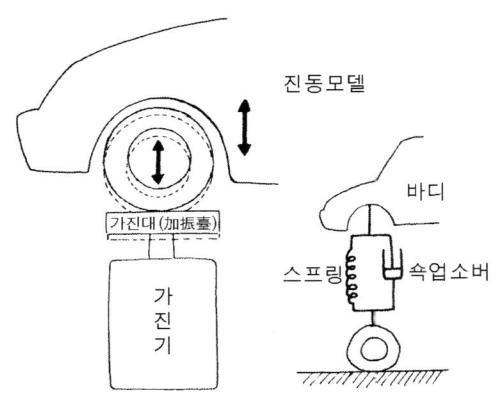

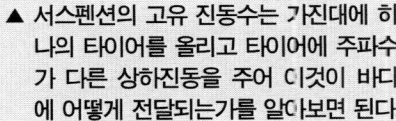

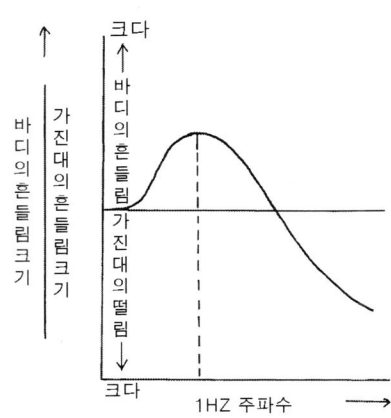

▲ 서스펜션의 고유 진동수는 가진대에 하나의 타이어를 올리고 타이어에 주파수가 다른 상하진동을 주어 이것이 바디에 어떻게 전달되는가를 알아보면 된다.

▲ 가진 주파수와 바디의 흔들림과의 관계 : 진동수 1Hz 부근에서 바디의 흔들림은 가장 커진다. 이 스프링이 가장 진동하기 쉬운 주파수를 고유 진동수라고 한다.

또한 노면의 움푹 패인 부분을 통과할 때 타이어가 천천히 통과할 수 있도록 주행하면 자동차는 크게 흔들리지만 자동차의 속도를 늦추지 않고 주행하면 자동차는 거의 흔들리지 않고 타이어만이 상하로 움직이고 쿵-하는 소리를 경험해본 사람이 많이 있다고 생각된다.

이와 같이 노면에 동일한 요철이 있어도 이것을 통과할 때 자동차의 크기와 주행속도에 따라 흔들림과 운전자가 느끼는 진동이 크게 다른데 이것은 왜 그럴까? 이 현상을 알아보기 위해 사용되는 것이 **가진대(加振臺 : Exciter)**라는 장치이며, 이 위에 1개의 자동차 바퀴를 올려놓고 다양한 주파수의 상하진동을 타이어에 가하여 진동이 어떻게 바디에 전달되는지 알아보는 것이다.

지금, 어느 자동차의 오른쪽 앞바퀴를 가진대에 올려놓고 실험한다고 하자. 타이어의 상하 움직임이 상당이 느릴 경우에는 스프링은 스프링으로서의 역할을 하지 못하고 바디는 타이어와 일체가 되어 천천히 상하로 움직인다. 조금씩 타이어의 상하운동을 빠르게 하면 바디는 흔들리기 시작하여 점점 커지고 타이어의 움직임이 1초에 1회 왕복하는 정도, 즉 주파수가 1Hz 정도일 때 움직임은 최대가 된다. 그리고 스프링이 가장 진동되기 쉬운 주파수를 고유진동수 (Natural Frequency)라 하며, 스프링의 고유 진동수에 가해진 진동 주파수가 일치하여 크게 흔들리는 현상을 **공진(共振 : Resonance)**이라고 한다.

실험하는 자동차가 크게 흔들리는 상태에서 더욱 진동 주파수를 높이면 타이어가 심하게 상하로 흔들려도 바디에는 전달되지 않으며, 흔들림은 점차로 작아지게 된다. 이 고유 진동수를 공식으로 나타내면 고유 진동스$(f) = (1/2\pi)\sqrt{\text{스프링정수}(k)/\text{질량}(m)}$ 이 된다. 여기에서 질량은 스프링 위(上) 질량(차량 중량에서 스프링 아래(下) 중량을 빼고 중력 가속도 $9.8m/s^2$ 으로 나눈 것)으로 서스펜션에 가해지는 의미한다.

이 공식에서 중요한 부분은 고유 진동수가 스프링 정수를 중량으로 나눈 수치에 의해 결정된다는 점이다. 즉 스프링 정수가 클수록 바꾸어 말하면 스프링이 딱딱할수록 고유 진동수는 커지고 또한 중량으로 나누었기 때문에 자동차가 가벼울수록 고유 진동수는 커지며, 서스펜션이 딱딱하게 느껴지는 것이다.

예를 들어 앞차축의 중량이 600kgf이며, 스프링 정수 1.8kgf/mm의 스프링이 장착되어 있는 소형 FF 자동차와 앞차축의 중량이 800kgf, 스프링 정수 2.4kgf/mm의 중형 FF자동차에서 계산을 해보면 스프링 정수는 다르지만 중량도 다르기 때문에 모두 고유 진동수는 1.22가 되고, 스프링의 딱딱한 정도는 동일하게 느끼게 된다. 반대로 표현하면 중량이 무거운 자동차에는 스프링 정수가 큰 스프링을 장착하여야 균형을 유지할 수 있게 되는 것이다.

실제로 승용차에는 스프링 정수 1.5~3.0kgf/mm정도의 스프링이 사용되며, 고유 진동수는 승차감을 중요시한 자동차에서는 1Hz정도, 운동성능을 중시한 자동차에서는 1.5Hz 정도로 설정되어 있다. 이것이 최우선의 운동성능 최우선의 레이싱 카라면 스프링 정수가 10~25kgf/mm의 스프링이 사용되며, 고유 진동수는 2.5~3.5Hz나 된다.

이와 관련하여 고유진동수가 1Hz인 자동차로 50km/h로 달리고 있는 경우에는, 계산해보면 약 14m마다 1회 정도의 완만한 요철이 노면에 있는 정도로 바디가 공진하여 상하로 흔들리게 된다. 위의 실험에서 알 수 있듯이 이것보다 주기가 작은 노면의 요철은 진동 주파수가 높아지는데 이를 스프링이 흡수한다. 외부에서 보면 노면에 요철이 있어도 타이어만 상하로 움직이고 바디는 흔들리지 않고 앞으로 진행되는 것이다.

고유 진동수가 작은 만큼 넓은 범위의 주파수 진동을 흡수하여 승차감이 좋아지며, 고유 진동수가 커지면 특히 울퉁불퉁한 진동은 스프링으로 흡수되는 것이 아니라 바디에 직접 전달되어 불쾌한 진동으로 느껴지는 것이다.

3-3. 스프링 위 중량과 스프링 아래 중량

진동뿐만 아니라 자동차의 주행특성은 스프링 위 중량(Spring Up Weight)과 스프링 아래 중량(Spring Down Weight)의 관계가 어떻게 되어 있는가에 따라 결정되며, 조종성, 승차감은 모두 스프링 아래 중량이 가능한 한 작은 편이 바람직하다는 결과를 얻을 수 있다.

자동차를 가진대에 올려놓고 타이어에 상하진동을 전달할 때 바디가 어떻게 움직이는 가를 보면 스프링이 딱딱하고 스프링 정수가 클수록 그리고 자동차의 중량이 가벼울수록 고유 진동수는 커지고, 승차감은 나빠진다.

그러나 이 결과는 어디까지나 실험에 의해 얻을 수 있는 결과이다. 실제로 자동차를 도로상에서 주행시켜 보면 결론은 변하지 않지만, 그 모습은 상당히 다르다.

예를 들어 승차감에 대해 여기서는 타이어에 가해진 상하방향의 진동만을 생각했는데, 타이어 접지면의 앞뒤방향으로 작용하는 힘도 승차감에 큰 영향을 준다. 아무리 기복(起伏)이 있는 노면을 부드럽고 조심스럽게 주행하여도 노면의 돌기와 포장로의 이음새 등 타이어에 '쿵' 하고 전해오는 힘을 흡수할 수 없는 서스펜션으로는 결코 승차감이 좋은 자동차라고 할 수 없다.

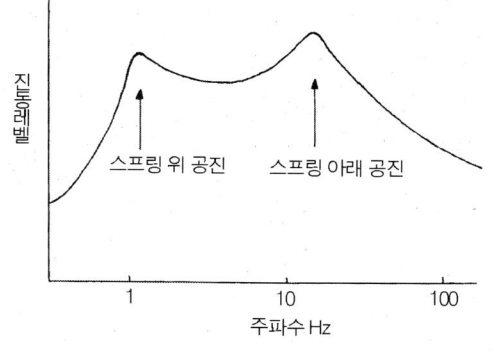

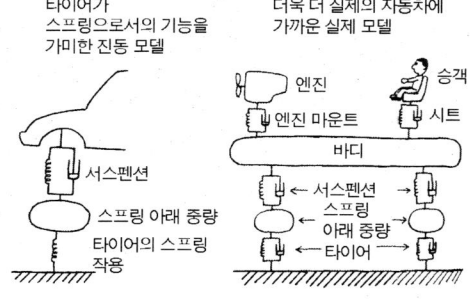

이 실험에서 타이어는 가진대에 올려놓은 상태로 움직이지 않는다, 즉 노면이 매끄러워 타이어는 완전히 노면의 기복을 통과하는 것으로 보는데 실제로는 타이어가 노면을 굴러가고 있기 때문에 노면의 요철에 의해서 상하로 움직이면서 진동이 전달된다. 따라서 실제 주행에서는 타이어 자체의 스프링으로서의 작용도 무시할 수 없다.

정확하게는 자동차를 바디와 노면 사이에 스프링과 타이어라는 두 가지의 스프링이 있는 계(系)로 생각하여 각각의 스프링 정수의 관계가 어떻게 되어 있는 것이 좋을지 등 조금 더 자세한 검토가 이루어져야 한다. 이때 자동차를 하나의 물체로서가 아닌 자동차의 중량을 지탱하고 있는 스프링을 경계로 타이어측 중량(**스프링 아래 중량**)과 바디측의 중량(**스프링 위 중량**)으로 나누어 생각하여 각각 어떻게 운동하는가를 검토한다.

타이어측의 중량인 스프링 아래 중량은 타이어, 휠, 브레이크, 허브, 허브 캐리어 중량에 스프링, 쇽업소버, 서스펜션 암과 링크류와 구동 바퀴의 경우에는 드라이브샤프트를 포함한 중량의 약 1/2을 더한 것이다. 요컨대 스프링 아래 중량은 실제로 타이어와 일체가 되어 있어 움직이는 부분의 중량이며, 이 이외의 바디측 중량이 스프링 위 중량이다. 일반적으로 승용차의 스프링 아래 중량은 자동차 총중량의 10% 이하라는 것이 정설이다.

스프링 아래 중량은 이러한 이유 때문에 부품의 성능과 내구성이 손상되어서는 안되나, 가능한 한 가벼운 것이 바람직하다. 서스펜션의 부품(Suspension Parts)을 경량화하면 힘이 가해졌을 때 빠르게 움직이게 되기 때문에 핸들링의 응답성이 좋아진다. 신차의 스틸 휠(Steel Wheel)을 알루미늄 등의 경합금제 휠로 바꾸면 스티어링의 응답성(Response)이 좋아지는 것은 이 때문이다.

스프링 아래 중량이 작으면 관성력이 작아지기 때문에 타이어는 노면의 요철(凹凸)에 따라 나아가고 노면으로부터 떨어지기 어렵기 때문에 조종안정성의 레벨도 높아진다.

스프링 아래 중량을 가볍게 하는 것은 상대적으로 스프링 위 중량을 크게 한 것과 마찬가지의 효과를 얻을 수 있기 때문에 승차감이 좋아진다. 요철이 많은 도로를 주행할 때 리무진과 같이 스프링 위 중량이 충분히 크면, 다소 두꺼운 타이어가 장착되어 있어도 노면을 따라 타이어는 심하게 상하로 움직여도 자동차는 아무 일도 없었다는 듯 앞으로 나아가는 것은 이 때문이다.

자동차가 요철이 있는 노면을 주행할 때 타이어에 가해진 상하의 진동과 바디의 진동과의 관계도 더욱 자세하게 알기 위해서는 타이어의 스프링으로서의 역할도 더해진 진동계의 모델을 만들어 일정의 구불구불한 파도 모양의 노면을 주행하게 하였을 때, 결국 이 계(系)에 진동을 주었을 때 양자가 어떻게 되어 있는가를 알아본다.

실제로 모델이 어떤 형태로 진동하는가를 운동 방정식을 세워 계산하면 2개의 공진점이 있는 것을 알 수 있는데 그 하나는 앞 장에서 말한 1Hz 부근의 스프링 위 공진점(Spring Up Resonance Point)이며, 또 하나는 10~20Hz 부근의 스프링 아래 공진점(Spring Down Resonance Point)이다. 빨래판 모양의 노면에서 타이어가 심하게 흔들리는 것은 실제로 스프링의 아래 부분이 공진하는 속도로 주행하는 경우이며, 진동하지 않도록 천천히 주행하면 흔들림도 적다.

컴퓨터의 기술이 현저하게 발전한 오늘날에는 진동에 영향을 주는 여러 가지의 요소를 모두 모아 복잡한 모델이 고려되고 있는데, 다양한 조건하에서 시뮬레이션을 실시하여 각 요소에 따른 최적의 특성을 추구하고 있다.

3-4. 다양한 스프링

스프링과 쇽업소버④ 승용차에는 오랫동안 판 스프링이 사용되어 왔으나 현재는 간단한 코일 스프링을 사용하고 있는 자동차가 거의 대부분이며, 이 외에 토션 바 스프링과 에어 스프링도 있다.

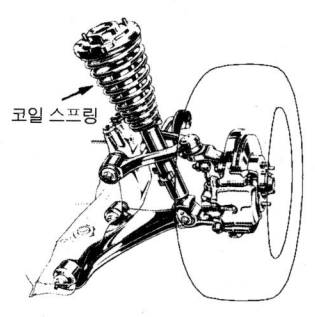

코일 스프링

▲ 스프링 강의 봉을 나선형으로 감았으며, 승용차용으로 가장 많이 이용되는 스프링이다.

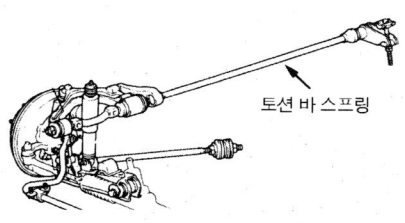

토션 바 스프링

▲ 봉을 비틀었을 때의 반발력을 스프링으로 이용한 것. 서스펜션의 높이를 낮출 수 있다는 것이 특징이다.

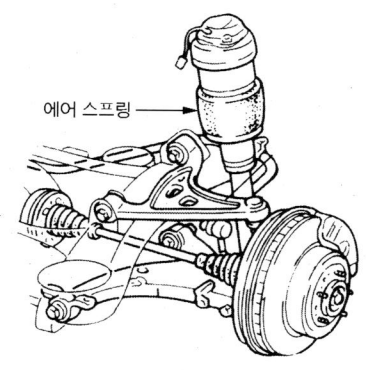

에어 스프링

▲ 공기의 탄성을 스프링으로 이용한 것. 아무래도 장치가 커지는 것이 단점이다.

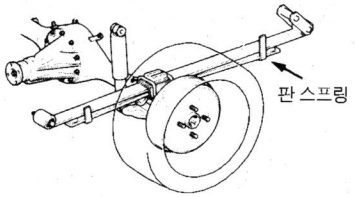

판 스프링

▲ 움직임이 발생(Stroke)되었을 때 타이어의 자세 변화가 단조롭고 공간을 기하학적으로 자유로이 바꾸는 것이 어려워 승용차에 사용되지 않게 되었다.

　　승용차의 서스펜션에 사용되고 있는 스프링은 코일 스프링이 대부분이며, 이 외에 토션 바 스프링, 에어 스프링이 있으며, 예전에는 판 스프링도 사용되었다.

(1) 코일 스프링(Coil Spring)

코일 스프링은 스프링 강(鋼)으로 된 봉을 나선형으로 감아 이를 압축했을 때의 반발력을 이용하여 스프링으로서의 역할을 하게 한다. 코일 스프링이 어떠한 형태로 작동되는가를 잘 살펴보면 압축이 될 때마다 코일이 비틀리는 것을 알 수 있다. 이 봉이 비틀려 있을 때 원래의 형태로 되돌아오려고 하는 성질(탄성)을 스프링으로서 이용하는 것이다.

코일 스프링의 스프링 정수는 봉 외경(外徑)의 4제곱에 비례하고, 감는 수와 코일 지름의 3제곱에 반비례하여 커진다. 따라서 장착되어 있는 부분의 공간에 맞추어 외경, 권수, 코일의 지름 3가지를 적절하게 선정하면 비교적 간단하게 설계할 수 있다는 것이 장점이다. 또한 설치 공간을 많이 차지하지 않기 때문에 지금까지 사용되어 온 판 스프링을 대신하여 거의 대부분의 승용차에 널리 채택되고 있다.

그러나 좌우로 자유롭게 움직이기 때문에 상하 방향의 스프링으로 이용하기 위해서는 링크 (Link)기구 등의 움직임을 제어하는 장치가 필요한데 어느 정도의 길이를 확보하기 위해 바디를 지지하는 위치가 아무래도 높아지는 것은 피할 수 없다.

스프링 정수를 크게 하여 코너링 시 자동차의 롤(Roll)을 감소시키기 위해 튜업(Tune-up)을 원하는 사람들을 위해 스포츠 키트(Sports Kit)로서 많은 스프링이 판매되고 있는데, 이

때 문제가 되는 것이 바로 차고(車高)이다. 동일한 치수의 딱딱한 스프링을 장착하면, 당연하지만 변형이 작아져 차고가 높아지게 된다. 스프링의 교환을 빈번하게 하는 레이스용 등에서는 차고의 조정이 가능한 서스펜션도 시판되고 있다.

(2) 토션 바 스프링(Torsion Bar Spring)

프런트 서스펜션(Front Suspension)에 주로 사용되는 스프링으로 상용차, 트럭, 버스 등에 사용되고 있는 스프링이다. 긴 봉을 휠과 평행하게 배치하고, 휠이 장착되어 있는 허브(Hub)로부터 암(Arm)을 연장하여 이 봉을 고정한다. 휠의 상하 운동을 봉의 비틀림으로 바꾸어 스프링으로 이용하는 것으로 원리는 코일 스프링과 동일하다.

하나의 봉을 배치할 수 있는 공간만 있으면 되기 때문에 이 이상의 간단한 스프링은 생각하기 어렵다. 토션 바의 스프링 정수는 봉 지름의 4제곱에 비례하고 길이에 반비례하여 커진다. 즉 직경이 작을수록, 길이가 길어질수록 스프링 정수는 작아지기 때문에 설계하기도 쉽다.

(3) 에어 스프링(Air Spring)

고무 주머니에 저장되어 있는 공기의 탄성을 스프링으로서 작용시키기 때문에 대형 버스용의 스프링으로써 인기가 많으며, 일부 승용차에도 사용된다. 고무 풍선에 많은 공기를 넣을수록 부드럽고 또한 같은 풍선의 경우 공기의 압력이 낮을수록 부드러워진다. 즉 스프링 정수가 작아지는 원리를 이용하는 것이다.

실제로는 상하를 분할한 스트럿(Strut)에 가이드를 설치하여 에어 챔버가 옆으로 빠져나가지 않도록 하고, 상하의 스트럿 사이에 접어서 수축이 되도록 고무로 만든 에어 챔버를 두고 공기를 주입하여 스프링으로 사용한다. 소리가 조밀파(粗密波)에 의해 공기 중에 전달되는 것에서 알 수 있듯이 공기는 진동하는 성질을 가지고 있으며, 서스펜션에 전달된 주파수가 높은 진동을 흡수한다는 장점이 있다. 이러한 특성을 잘 살리면 승차감이 우수한 서스펜션을 얻을 수 있다.

(4) 판 스프링(Leaf Spring)

현재는 일부 밴(Van)의 리어 서스펜션(Rear Suspension)에서 밖에 볼 수 없게 되었지만, 예전에는 스프링이라고 하면 이 판 스프링이 주류였다. 판 스프링은 현재도 트럭이나 버스에 사용되고 있으며, 판 스프링의 특징은 스프링이 서스펜션의 일부가 되기 때문에 서스펜션의 구조를 간단하게 할 수 있다. 그러나 이것은 서스펜션의 움직임과 스프링의 움직임이 분리될 수 있는 코일 스프링과 비교하여 서스펜션의 제어 자유도가 작아지는 단점으로 작용한다.

3-5. 스태빌라이저의 기능

안티 롤 바(Anti-roll Bar)라고도 불리는 스태빌라이저(Stabilizer)는 자동차가 코너링 할 때에 외측 스프링을 강하게 하는 작용을 하며, 자동차의 롤을 억제하여 코너링 스피드를 높이는 역할을 한다.

자동차의 조종성·안정성이라는 관점에서 볼 때 스프링은 딱딱한 편이 좋다. 그러나 스프링 정수가 큰 스프링을 사용하면 승차감은 나빠질 수밖에 없다.

자동차 메이커는 차량을 개발함에 있어 자동차의 컨셉에 비추어 신중하게 검토를 거듭하여 조종성과 승차감의 균형이 가장 잘 이루어진 정수(定數)의 스프링을 선택하고 있다. 차량 주행 성능을 위한 튜닝은 스프링과 쇽업소버(Shock Absorber)의 특성의 매칭(Matching)을 어떻게 맞출 것인가를 중심으로 이루어진다.

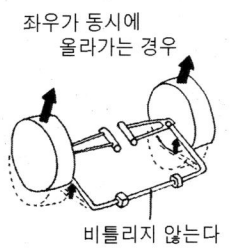

좌우가 동시에
올라가는 경우

비틀리지 않는다

한쪽편만
올라가는 경우

비틀린다

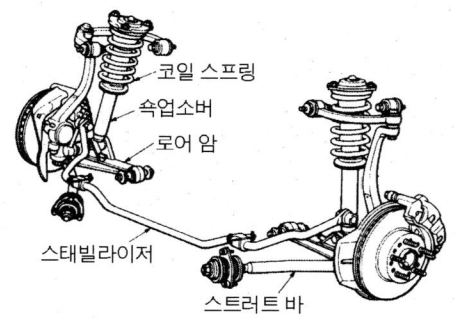

코일 스프링

쇽업소버

로어 암

스태빌라이저

스트러트 바

▲ 스태빌라이저의 작동 : 자동차의 좌우 타이어가 동시에 돌기 위에 올라탔을 때 등 좌우 서스펜션이 동시에 행정(Stroke)을 한 경우(그림 좌)에는 스태빌라이저는 움직이기만 한다. 한 쪽 타이어만 행정을 한 경우(그림 우)에는 스태빌라이저가 비틀려 스프링으로서 작동한다.

▲ 프런트 스태빌라이저 : 스태빌라이저 암을 필요 최소한의 길이로 억제하고, 바를 중공(中空)으로 하여 경량화 시킨 것도 있다.

　그러나 잘 생각해보면 「조종성과 안정성이 주로 문제가 되는 경우는 자동차가 코너링 할 때이고, 승차감이 중요시 되는 경우는 자동차가 직진 주행하고 있을 때가 아닐까. 그렇다면 자동차가 직진하고 있을 때는 스프링 정수가 작고, 코너링할 때는 스프링 정수가 커지는 스프링이 있다면 이상적인 서스펜션이 될 것」이라는 것을 스프링만으로 실현하는 것은 무리다. 실제로 이와 같은 서스펜션의 스프링 정수를 바꾸는 역할을 하는 것이 스태빌라이저이다.

　스태빌라이저는 스태빌라이저 바(Stabilizer Bar)라고도 부르는 것과 같이 스프링 강으로 이루어진 봉의 끝부분을 구부려 『ㄷ자』형으로 만든 것으로 그 양끝을 좌우 서스펜션의 상하로 움직이는 어느 부분에 장착하여 사용한다. 중간 부분에는 2개의 고무 부시(Bush)를 사이에 두고 바디에 장착되어 있으며, 봉은 어느 정도 부시 사이에서 회전할 수 있도록 되어 있다.

　이러한 방법으로 스태빌라이저가 장착되기 때문에 자동차가 직진주행을 하거나, 좌우 두 개의 바퀴가 동시에 돌기를 넘거나, 높이 차(段差)가 생겨도 스태빌라이저는 부시를 통해 지탱되면서 조금 회전할 뿐 아무런 기능도 하지 않는다. 즉, 직진상태에서의 서스펜션의 스프링 정수는 스태빌라이저가 있어도 원래 장착되어 있는 스프링의 스프링 정수와 같다.

　다음으로 이 자동차가 코너링 할 때는 스태빌라이저가 어떻게 되는가를 살펴보자.

　선회중인 자동차는 원심력에 의해 바깥쪽(外側)으로 밀리는데 자동차의 중심(中心)에 있는 무게 중심(重心)이 바깥쪽으로 이동한 것과 마찬가지의 효과가 발생한다. 이 현상을 **하중 이동 (荷重移動)**이라고 부른다. 하중의 이동으로 인해 외측의 서스펜션에 가해지는 하중이 증가되어 스프링의 변형은 커지고, 내측의 서스펜션에 가해지는 하중이 감소되어 변형은 작아진다.

심할 경우에는 외측의 서스펜션이 완전히 수축되거나, 내측의 서스펜션이 완전히 늘어나 타이어가 허공에 뜨는 경우도 있다.

이 때 스태빌라이저의 양끝은 어떻게 될까. 외측의 서스펜션에 장착되어 있는 스태빌라이저 끝부분은 스프링의 변형이 커지기 때문에 노면에 가까워지는 방향으로 움직이려고 하며, 내측의 스태빌라이저 끝은 반대로 노면에서 멀어지려는 것을 알 수 있다. 『ㄷ자』모양의 한쪽 끝은 아래로, 또 한쪽 끝은 위로 움직이려고 하기 때문에 스태빌라이저는 비틀리게 된다. 봉은 비틀리면 스프링으로서 역할을 한다. 즉 서스펜션에 토션 바 스프링(Torsion Bar Spring)이 장착되어 있는 것과 같은 효과를 얻을 수 있다.

결과적으로 스태빌라이저가 장착되어 있으면 코너링 중에는 원래 장착되어 있는 스프링에 토션바 스프링을 더하는 것이 되어 서스펜션의 스프링 정수가 커지게 되기 때문에 변형은 작아진다. 즉 외측 서스펜션의 수축량과 내측 서스펜션의 늘어나는 양이 함께 작아진다. 자동차가 코너링 중에 외측으로 기울어지는 현상을 **롤링(Rolling)** 또는 롤(Roll)이라 부르며, 변형이 작아지기 때문에 롤이 작아져 자동차의 안정성이 좋아지게 된다.

스태빌라이저 바는 영어로 자동차를 안정시키는 봉을 뜻하는데, 이처럼 롤을 작게 하는 기능이 있기 때문에 영어로 반대를 의미하는 안티(Anti)를 사용해 **안티 롤 바(Anti-roll Bar)**라고도 불린다.

스태빌라이저가 장착되어 있으면 직진 중에 좌우 한쪽 타이어가 돌기 위를 통과할 때 발생하는 롤을 억제하기 때문에 적용하고 있는 자동차가 많다. 또한 스태빌라이저의 한쪽 끝에 유압으로 작동하는 실린더를 설치하여 스태빌라이저의 스프링 정수를 바꿀 수 있도록 하는 시스템도 실용화되었다.

3-6. 쇽업소버의 역할

스프링과 쇽업소버⑥

액체가 작은 구멍을 통과하려고 할 때 발생하는 저항력이 감쇠력(減衰力)이다. 쇽업소버는 이 현상을 이용하여 스프링이 늘어나거나 줄어드는 속도를 제어하는 장치이다.

쇽업소버는 직역하면 「충격을 흡수하는 것」이라는 뜻이다. 그러나 스프링에서 설명한 것처럼 서스펜션에서 충격을 흡수하는 것은 스프링이다. 스프링은 수축할 때 충격을 일시적으로 흡수하고 다시 늘어날 때 흡수한 에너지를 방출한다.

쇽업소버의 역할은 스프링이 충격(Shock)을 멈추게 할 때에 한 번에 멈추도록 하는 것이 아니고 지긋이 멈추게 하는 것으로 바꾸어 말하면 스프링의 움직임을 컨트롤하는 것이 쇽업소버이며, **댐퍼(Damper)**라고도 불린다.

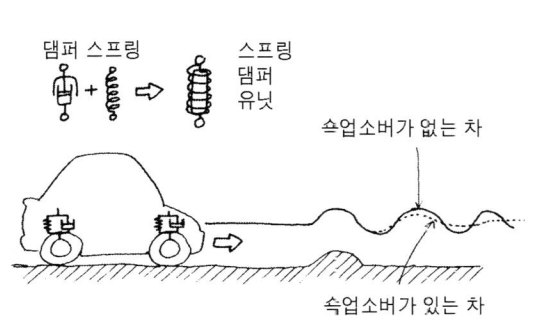

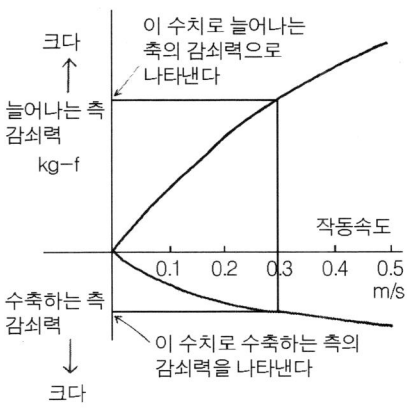

▲ 쇽업소버의 기능 : 스프링은 진동을 완화시키는 작용을 하는데 스프링만으로는 진동이 계속된다. 따라서 쇽업소버를 장착하여 진동을 감쇠시켜 자동차의 진동을 빠르게 억제한다.

▲ 쇽업소버의 작동 속도와 감쇠력의 관계 : 타이어가 돌기를 지날 때 스프링이 재빠르게 수축되어 충격을 흡수할 수 있도록 수축하는 쪽의 감쇠력을 늘어나는 쪽의 감쇠력보다도 작게 하고 있다.

    댐퍼는 넓은 의미에서 기계적인 또는 전기적인 진동을 감쇠시키는 구조를 총칭하는 것으로, 서스펜션에서는 스프링이 늘어나거나 수측에 의해 발생되는 진동을 제어(Control)하는 역할을 한다.

    쇽업소버는 초기의 자동차로부터 스프링과 함께 사용되었다. 아마도 서스펜션의 일부로서 쇽업소버와 스프링의 역할을 잘 알지 못했을 당시 '충격을 흡수하는 어떤 것' 이라고 하여 쇽업소버라는 명칭이 붙여졌을 것이다. 사실 판 스프링(Leaf Spring)은 몇 장이 겹쳐진 판과 판 사이의 마찰에 의해 쇽업소버의 기능이 발생되어 어느 정도의 진동을 감쇠시킨다.

    주사기를 이용하여 액체를 주입하려고 피스톤을 밀어보면 액체가 바늘 구멍을 통과할 때 저항에 의해 피스톤이 잘 움직이지 않는다. 쇽업소버에서 스프링의 진동을 감쇠하는 것은 이 유체가 작은 구멍을 통과하려고 할 때 발생되는 저항력을 이용한다. 실제 쇽업소버는 피스톤이 내장(內裝)된 실린더에 오일을 가득 채우고, 피스톤과 실린더에 구멍과 밸브를 설치하여 이것을 통과하는 오일의 저항력에 의해 스프링의 진동을 억제한다.

    이 저항력을 **감쇠력(減衰力 : Damping Force)**이라고 부르며, kg-f로 표현한다. kg-f는 킬로그램 포스라고 부르며, kg은 중량이 아닌 힘을 표현할 때에 사용되는데 간단하게 kg으로 표기하는 경우가 많다. 감쇠력은 스프링이 작동하고 있을 때 그 움직임을 억제하려고 하는 힘으로, 스프링이 신장되든지 수축되든지 어떤 상태에서 멈춰있다면 제로(Zero)이다.

    피스톤이 움직이면 감쇠력이 발생하는데 그 힘은 피스톤이 천천히 움직일 때는 감쇠력이 작아지고, 빠르게 움직일 때는 커진다. 따라서 쇽업소버의 특성을 나타낼 때 가로축을 **작동속**

도(Piston Speed)로 세로축을 감쇠력으로 하여 그래프로 나타낸다. 작동속도의 단위는 1초에 피스톤이 몇 m를 움직이는가, 즉 m/s를 사용한다.

그래프는 상하로 나누어져 있으며, 위쪽이 쇽업소버가 늘어날 때의 감쇠력을, 아래쪽이 수축할 때의 감쇠력을 나타낸다. 동일한 피스톤 스피드라도 수축하는 측의 감쇠력이 늘어나는 측의 감쇠력보다 작은 것은 바퀴가 돌기를 만났을 때 매우 빠르게 스프링이 변형되어 충격을 흡수할 수 있도록 하기 위함이다. 코너링 할 때의 롤 속도 컨트롤은 주로 외측 쇽업소버의 늘어나는 쪽의 감쇠력을 사용한다.

쇽업소버의 작동속도는 도로조건과 주행상태에 따라 다르며, 보통 고속도로를 주행하고 있을 때 쇽업소버의 작동속도는 0.03~0.05m/s정도이며, 일반적으로 작동속도는 0.3m/s를 초과하는 경우는 드물다. 여기서 쇽업소버의 특성을 수치로 표현하는 경우에는 작동속도를 0.3m/s로 표현하며, 이것은 1초에 30cm의 속도로 늘어나거나 수축할 때의 수치를 뜻한다.

그러나 레이스(Race)와 랠리(Rally) 등 스포츠 주행에서는 상당히 넓은 범위의 작동속도에서 사용되고 있기 때문에 자동차 메이커의 서비스 엔지니어가 사용조건에 알맞은 쇽업소버를 선택할 때는 우선 적당하다고 생각되는 쇽업소버로 실제 주행하여 휠링(Whirling)을 체크하여, 감쇠력 특성 그래프와 비교하여 적당한 것을 추천하는 방법이 쓰인다.

감쇠력을 발생할 때는 오일은 오리피스(Orifice)와 감쇠력 발생 밸브 등 작은 구멍을 무리하게 오일이 통과되기 때문에 마찰에 의한 열이 발생한다. 쇽업소버는 상하 진동이라는 기계적인 에너지를 열에너지로 바꾸어 진동을 제어한다.

3-7. 쇽업소버의 구조

쇽업소버는 일반적으로 승용자동차에 폭넓게 사용되고 있는 트윈 튜브식 (Twin-tube Shock Absorber), 고급차량에 많이 사용되고 있는 가스 주입 트윈 튜브식 (Twin-tube Gas Filled Shock Absorber), 스포티한 자동차에 장착되어 있는 모노 튜브식(Mono-tube Shock Absorber)의 3가지 종류가 있다.

스프링과
쇽업소버⑦

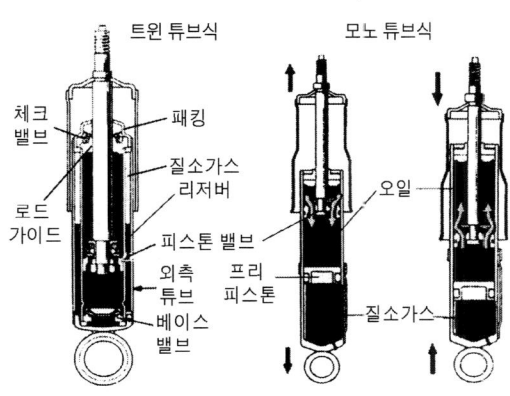

트윈 튜브식   모노 튜브식

체크
밸브
패킹
질소가스
리저버
로드
가이드
피스톤 밸브
외측
튜브
베이스
밸브
오일
프리
피스톤
질소가스

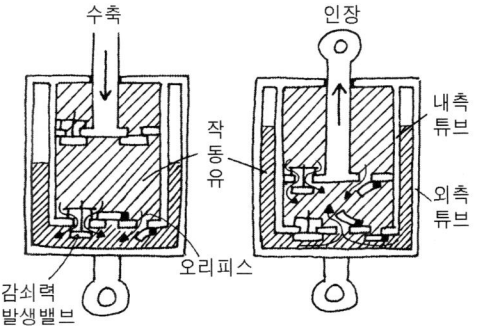

수축   인장

작동
유
내측
튜브
외측
튜브
감쇠력
발생밸브
오리피스

▲ 트윈 튜브식 쇽업소버의 구조 : 그림의 좌측 쇽업소버는 대부분의 자동차에 사용되고 있으며, 표준 쇽업소버라고 불리고 있다. 우측의 그림은 예전에 많이 사용되었던 모노 튜브식의 구조이다.

▲ 트윈 튜브식 쇽업소버의 작동 : 감쇠력이 발생되는 구조는 수축측에 베이스 밸브, 신장측의 피스톤에 설치되어 있다. 좌측의 그림과 같이 쇽업소버를 누르는 힘이 가해지면 내측 튜브의 작동유는 우선 오리피스에서 힘이 커지면서 감쇠력 발생 밸브를 통하여 외측 튜브로 나간다. 이 때 감쇠력이 발생한다. 늘어날 때는 피스톤 오리피스와 감쇠력 발생 밸브가 동일한 상태로 작동하여 감쇠력을 발생한다.

자동차에 사용되고 있는 쇽업소버에는 3가지 종류가 있다. 각각 어떤 구조로 되어 있고 또한 어떤 특징이 있는가를 보기 위해 우선 대부분의 자동차에 사용되고 있는 표준 쇽업소버라 불리는 트윈 튜브식 쇽업소버(Twin-tube Shock Absorber)에 관해 알아보자.

트윈 튜브식 쇽업소버는 2개의 통을 겹쳐 그 안에 피스톤을 넣은 구조로 **복통식(復筒式) 쇽업소버**라고도 불리며, 2중으로 되어 있는 튜브의 바닥 부분에 베이스 밸브라 불리는 밸브가 설치되어 있고 봉의 끝부분에 있는 피스톤에도 밸브가 장착되어 있다.

밸브에는 오일이 흘러가는 통로가 2개 설치되어 있으며, 그 중의 하나는 오리피스(Orifice)라고 불리는 구멍으로 이 구멍(Port)의 크기로 감쇠력을 조정한다. 또 하나는 **감쇠력 발생 밸브**라고 불리며, 열려있는 구멍을 몇 장의 얇은 원판으로 막도록 되어 있는 것으로 구멍이 있는 쪽의 오일 압력이 높아지면 원판의 수축으로 간극이 발생하여 오일이 흐를 수 있도록 되어 있다.

감쇠력 발생 밸브에서의 감쇠력은 오일이 간극을 통과할 때 발생하고 원판을 딱딱하게 하거나 원판의 수를 증가시키면 감쇠력은 커진다. 즉 피스톤의 속도가 낮은 범위에서는 오리피스의 크기로 속도가 높을 때에는 감쇠력 발생 밸브로 감쇠력을 컨트롤 하는 것이다.

내측 튜브(내통, 內筒)에는 오일이 가득 채워져 있으며, 내측과 외측의 튜브(외통, 外筒) 사이 아래 방향에는 오일이 들어가 있는데, 위쪽(리저버실 : Reservoir 室)은 대기압의 공기가 봉입(封入)되어 있다. 이 트윈 튜브식 쇽업소버는 다소 기울어져도 문제가 되지 않으나, 반드시 세워 두고 로드(Rod)가 위를 향하도록 하여 사용해야 한다. 옆으로 눕히면 리저버실의 공기가 내측의 튜브 안으로 들어갈 우려가 있기 때문이다.

그렇다면 쇽업소버는 어떻게 작동하는 것일까, 압축의 경우부터 살펴보자. 압축력이 가해지면 외측에 있는 로드가 내려가 내측 튜브 안의 오일 압력이 높아져 처음에 오리피스를 통해 어느 정도의 압력이 생기면 감쇠력 발생 밸브에서도 감쇠력이 발생되면서 오일이 리저버실로 들어간다. 이때 감쇠력의 특성은 오리피스와 감쇠력 발생 밸브를 닫고 있는 원판의 강성(剛性)에 의해 결정되는 것은 앞서 설명한 대로이다.

이때 피스톤에 설치되어 있는 오일 통로는 규제되어 있지 않기 때문에 피스톤보다 아래 방향에 있는 오일은 자유롭게 로드 주변으로 들어갈 수 있게 되어 감쇠력에 영향을 주는 일은 없다.

늘어날 때는 로드 주변의 압력이 높아지고 피스톤 밸브가 작용하여 늘어나는 측의 감쇠력을 발생시키면서 오일은 아래로 흐른다. 로드가 내측에서 외측으로 나오고 있는 만큼 안의 오일이 적어지기 때문에 리저버실에서 베이스 밸브를 통과하여 오일이 들어가는데 이때의 흐름은 막힘없이 자유로이 이동하도록 되어 있다. 이러한 트윈 튜브식 쇽업소버는 수축측의 감쇠력 특성을 베이스 밸브(Base Valve)로, 늘어나는 인장측의 감쇠력을 피스톤 밸브(Piston Valve)로 결정하는 것이다.

다른 타입의 쇽업소버에도 이러한 것은 마찬가지인데 로드가 튜브에 들어가고 나오는 부분은 오일이 누출되지 않도록 패킹(Packing)으로 감싸져(Seal) 있다. 피스톤과 튜브 사이에서 가능한 한 오일이 통과되지 않게 되어 있으며, 로드와 피스톤이 움직일 때 이 부분에는 미끄러짐에 대한 저항력(**접동 저항**)이 발생한다.

이 접동 저항(摺動抵抗)은 **프릭션(Friction)**이라고도 불리며, 감쇠력이 큰 범위에서는 무시할 수 있지만, 정지 상태에서 작동하기 시작할 때와 인장행정에서 수축행정으로 갈 때 또는 반대로 수축에서 인장으로 이동할 때에 쇽업소버의 작동이 멈추는 순간 감쇠력이 제로(Zero)에 가까울 때 문제가 된다.

즉, 이와 같은 상태에는 노면의 충격이 전달되어도 감쇠력은 발생하지 않기 때문에 충격이 그대로 바디에 전달되는 것이다. 이 프릭션은 쇽업소버가 움직이기 시작할 때의 힘으로, 로드의 반발력으로서 쇽업소버 특성치의 하나로 설명하는 경우도 있다. 물론 이 수치는 작으면 작을수록 진동 승차감은 좋아진다.

3-8. 가스 주입식 쇽업소버의 특성

**스프링과
쇽업소버⑧**
간단하게 가스 주입식 쇽업소버라고 하면 움직이기 시작할 때의 저항이 비교적 크고 거칠지만 성능이 우수하며, 거꾸로 세워서 사용할 수 있는 모노 튜브식을 말하는 것이 일반적이다.

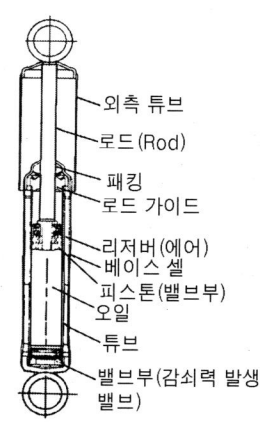

외측 튜브
로드(Rod)
패킹
로드 가이드
리저버(에어)
베이스 셀
피스톤(밸브부)
오일
튜브
밸브부(감쇠력 발생 밸브)

▲ 트윈 튜브 가스 주입식 쇽업소버의 구조 : 트윈 튜브식 쇽업소버의 리저버실을 밀폐하여 5~10기압의 질소 가스를 봉입하고 감쇠력의 발생 기구를 모두 피스톤에 설치한 것이다. 오일 중의 공기가 기포가 되어 섞이는 경우가 없기 때문에 안정된 특성을 얻을 수 있다.

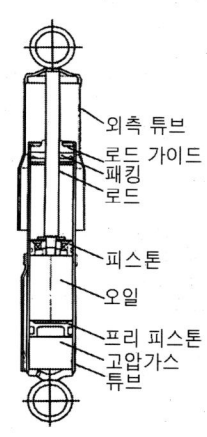

외측 튜브
로드 가이드
패킹
로드
피스톤
오일
프리 피스톤
고압가스
튜브

▲ 모노 튜브식 가스 주입 쇽업소버의 구조 : 하나의 튜브 끝에 질소가스가 봉입(封入)되어 있는 리저버실을 설치하여 오일이 들어있는 부분과의 사이를 자유롭게 움직이는 피스톤을 둔 구조로 되어 있으며, 상하를 거꾸로 하여 사용할 수 있다.

트윈 튜브식 쇽업소버는 일반적으로 포장된 도로를 주행하는데 특별한 문제는 없다. 그러나 고속으로 주행하는 경우와 험로를 주행하는 경우 쇽업소버의 신장(伸長)과 수축(收縮)의 속도가 특히 빠른 경우 오일 안에 기포가 혼합되어 **캐비테이션(Cavitation)**이라 불리는 현상이 발생할 수 있다.

트윈 튜브식 쇽업소버는 리저버실에 대기압의 공기가 저장되어 있으며, 이 공기가 오일 안에 녹아 있다. 이 오일은 쇽업소버가 늘어나는 행정에서 내측 튜브 안으로 들어가는데 피스톤의 이동 속도가 빠르면 내측 튜브 안으로 들어가는 오일의 유속이 상당히 빨라지고 이 부분의 압력이 대기압보다 낮아져 오일 안에 녹아있던 공기가 기포가 되어 내측 튜브 안의 오일과 혼합된다. 이것이 캐비테이션이다.

또한 험로를 주행하는 경우 쇽업소버가 심하게 흔들리면 리저버실에서 고온의 오일이 흔들려 기포를 발생시키는 **에어레이션(Aeration)**이 일어나고 기포가 내측 튜브 안으로 들어가는 경우도 있다. 이와 같이 기포가 오일에 혼합되면 피스톤이 작동하여 오일의 압력이 높아질 때 기포가 찌그러져 감쇠력이 작아지고, 심할 때는 감쇠력이 발생되지 않는 쇼크 상태가 된다.

따라서 캐비테이션의 발생을 제어하기 위해 개발된 것이 **트윈 튜브 가스 주입식 쇽업소버**로 **복통식(複筒式) 가스 주입, 복통 가스식, 저압 가스식**이라고도 불린다. 이 쇽업소버의 특징은 캐비테이션과 에어레이션이 발생되지 않도록 리저버실을 밀봉하고 이곳에 5~10기압의 질소 가스를 주입한다.

감쇠력의 발생은 인장측과 수축측 모두 피스톤 부분에 설치된 밸브에 의해서 이루어지는데, 튜브 하단 끝에는 내측 튜브 안과 리저버실 사이에서 오일이 이동할 수 있도록 통로가 설치되어 있다. 트윈 튜브식보다 비용은 높지만 오일에 기포가 혼합될 우려가 적고, 안정된 성능을 얻을 수 있기 때문에 비교적 고급차량에 사용되고 있다.

스포츠카와 모터 스포츠용 자동차 특히 랠리 자동차는 이 트윈 튜브 가스 주입식 쇽업소버라도 에어레이션과 오일 누유(漏油)가 발생하기 때문에 외측 튜브를 없애고 내측 튜브와 피스톤만으로 구성되어 있는 **모노 튜브식 쇽업소버(Mono-tube Shock Absorber)**가 개발되었다.

이 쇽업소버는 질소가스가 봉입(封入)되어 있는 리저버실을 내측 튜브 끝에 설치하고, 오일이 존재하는 부분과의 사이를 자유롭게 움직일 수 있도록 **피스톤(Free Piston)**을 설치하여 가스와 오일이 혼합되지 않도록 한 것이 특징이다. 감쇠력은 인장측과 수축측 모두 피스톤 밸브(Piston Valve)에서 발생되며, 인장측의 감쇠력은 오일이 피스톤의 위에서 아래로 흐를 때, 수축측의 감쇠력은 오일이 반대로 흐를 때 발생한다.

봉입되어 있는 질소가스의 압력은 20~30기압으로 높기 때문에 오일이 외부로 누유(漏油)되는 것을 방지하는 연구가 필요하며, 당연히 마찰은 커지게 된다. 노면의 작은 돌기를 따라 딱딱한 진동을 바디에 전달하는 경향이 있는 것은 피하기 어려우며, 일반 승용차의 승차감과 균형을 이루어 사용하는 것은 어렵다.

이 쇽업소버의 또 다른 하나의 특징은 오일이 튜브 안에 봉입되어 있기 때문에 트윈 튜브식과 같이 로드를 위로 설치하여 사용할 필요가 없다는 것이다. 쇽업소버로 로드와 그 이외의 부분에 대한 중량을 비교하면 로드 방식이 가볍다. 여기서 통상 바디에 장착되어 있는 로드를 거꾸로 장착하면 그 만큼 서스펜션을 가볍게 할 수 있어, 운동 성능을 향상시킬 수 있다. 스프링의 아래 중량이 가벼울수록 자동차의 운동성능이 좋고, 동시에 승차감이 좋은 서스펜션을 완성할 수 있다는 것은 앞에서도 설명하였다.

모노 튜브 가스 주입식 쇽업소버를 이와 같이 반대로 사용한 경우 **도립식(倒立式) 쇽업소버**라 한다. 또한 이 모노 튜브 가스 주입식 쇽업소버는 **단통(單筒) 가스식** 혹은 **고압 가스식** 또는 발명자의 이름을 따서 **De Carbon식**이라고도 부른다.

3-9. 감쇠력 조정식 쇽업소버의 기능

감쇠력 조정식 쇽업소버는 감쇠력의 특성을 몇 개의 단계로 선택하도록 되어 있다. 일반 주행시에는 감쇠력을 약한 레벨로 사용하며, 스포티한 주행을 할 경우에는 감쇠력을 높여 사용한다.

빠르게 주행하기 위해 타이어를 그립력이 좋은 고성능 타이어로 교환할 때 동시에 스프링을 강화하고 높은 감쇠력의 쇽업소버로 바꿀 필요가 있다. 이것은 왜일까. 엔진의 동력을 타이어의 구동력으로 활용하기 위해서는 일반적으로 타이어가 노면에 수직으로 서 있는 것이 바람직하다.

서스펜션이 정상적인 상태(Normal)에서 타이어의 그립력을 크게 하면 코너링 할 때에 타이어가 노면에 말려 들어가 타이어의 롤(Roll)이 커지기 때문에 스프링을 딱딱하게 하여 롤을 제어하고, 쇽업소버의 감쇠력을 크게 하여 롤링의 속도를 늦추어 준다.

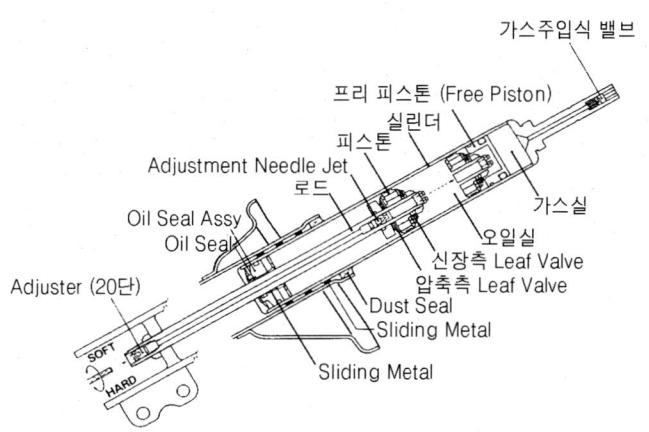

다음 그림은 다음과 같은 라벨을 포함한다: 가스주입식 밸브, 프리 피스톤 (Free Piston), 실린더, 피스톤, Adjustment Needle Jet, 로드, 가스실, Oil Seal Assy, Oil Seal, 오일실, 신장측 Leaf Valve, 압축측 Leaf Valve, Adjuster (20단), Dust Seal, Sliding Metal, Sliding Metal, SOFT, HARD

▲ 20단계 감쇠력 조정식 쇽업소버의 구조 : 감쇠력 조정은 하단에 있는 Adjuster를 돌려 피스톤에 있는 Adjustment Needle Jet의 위치를 조종하여 이루어진다.

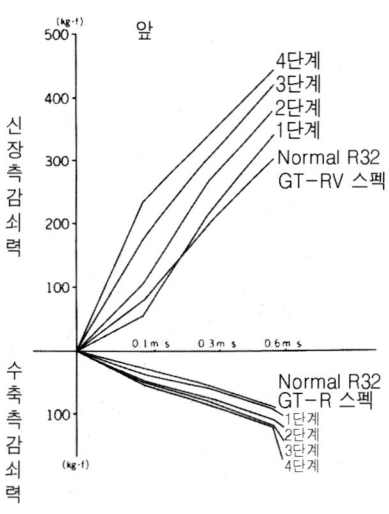

▲ 4단 가변식 쇽업소버 감쇠력 특성 : 닛산의 Skyline GT-R의 튜닝용으로 개발된 이 쇽업소버는 1 단계가 Normal에 가깝고 스포티한 주행을 할 때에는 앞뒤의 밸런스를 맞추면서 2단계와 3단계를 주로 사용하여 세팅 하도록 되어 있다.

롤의 크기는 스프링의 스프링 정수에 따라 결정되기 때문에 쇽업소버에 의해 작게 할 수는 없지만, 감쇠력을 크게 하여 핸들의 조작을 비롯한 타이어 접지면의 변화를 작게 하여 손의 감각을 샤프(Sharp)하게 느끼도록 하거나, 슬라럼(Slalom) 주행으로 타이어가 비스듬하게 되기 전에 스티어링 휠을 되돌릴 수 있도록 함에 따라 좋지 않은 방향으로 된다.

롤 속도(Roll Velocity)는 감쇠력을 조정하여 컨트롤 할 수 있다. 즉 감쇠력을 크게 하면 롤 속도는 작아지고, 감쇠력을 작게 하면 커진다. 레이스와 랠리 등 모터스포츠용 자동차에서는 코스와 노면의 상태 등에 의해 쇽업소버가 교환되는데 일반 자동차에서도 자신의 취향에 맞는 쇽업소버의 교환이 많이 이루어지고 있다.

예를 들어 Mazda의 튜업으로 잘 알려진 Mazda Speed는 Normal의 스프링에 쇽업소버의 감쇠력을 크게 하여 조종 안정성을 높이는 A-스팩 키트(A-Spec Kit)가 출시되었다. RX-7의 경우 쇽업소버의 용량을 25% 크기 함으로써 감쇠력을 Normal의 경우와 비교하여 늘어나는 측이 앞을 35%, 뒤를 50%, 수축하는 측이 앞을 25%, 뒤를 40%로 높여 핸들링의 응답성을 좋게 하고 있다.

그러나 이와 같이 쇽업소버의 감쇠력을 높이면 커브가 연속된 도로에서는 쾌적하게 주행할 수 있지만 노면이 고르지 못한 포장도로를 주행하면 울퉁불퉁한 진동이 올라오게 된다. RX-7과 같은 자동차일 경우 스포티한 주행을 하고 싶은 운전자는 이러한 감쇠력이 큰 쇽업소버로 교환하면 저항을 느낄 것이다. 여기서 생각한 것이 감쇠력 조정식 쇽업소버이다.

쇽업소버의 감쇠력은 **오리피스(Orifice)**라고 불리는 구멍의 크기와 **감쇠력 발생 밸브**의 원판의 강성에 의해 조정되고 있다. 감쇠력 발생 밸브의 메커니즘은 상당히 복잡하지만 오리피스 구멍의 크기를 바꾸거나 원판의 수를 변경함으로써 감쇠력을 조정한다. 예를 들어 3개의 오일 통로를 설치하고 보통은 2개의 통로를 열어 놓고, 감쇠력을 크게 하고 싶을 때에는 통로를 1개로 하고, 작게 하고 싶을 때는 통로를 모두 열도록 하고 있다.

애프터 마켓(After Market)에서 판매되고 있는 감쇠력 조정식 쇽업소버는 밸브에 크기가 다른 오리피스가 몇 개 열려있으며, 옆으로 장착된 노치(Notch)와 다이얼을 돌려 적당한 오리피스를 선택할 수 있다. 감쇠력은 스포티 사양의 쇽업소버 레벨을 감쇠력이 가장 작은 수준으로 설정하고, 그보다 큰 감쇠력은 선택하도록 되어 있어 3~5단계의 감쇠력을 선택할 수 있으나, 개중에는 20단 조정식 쇽업소버도 있다.

3-10. 스프링과 쇽업소버의 관계

스프링과 쇽업소버⑩

코너링 중에 자동차가 얼마만큼의 롤링을 할 것인지는 스프링의 스프링 정수에 의해 결정된다. 같은 정도의 롤링을 한다고 해도 속도가 빠른지 늦은지는 쇽업소버의 감쇠력 특성에 의해 결정된다.

　자동차가 요철이 있는 노면을 주행하거나 코너링에 의해 타이어에 가해지는 하중이 변화할 때 스프링이 그 변화를 흡수하고 변화의 속도를 쇽업소버가 컨트롤 한다. 자동차는 가속할 때 뒤쪽이 내려가고 브레이크를 밟으면 앞쪽이 내려가며, 코너링 중에는 안쪽으로 기울어지는데 이때의 스프링과 쇽업소버가 어떻게 연계하여 작용하는지를 알아보자.

　자동차에 가해지는 힘이 어떻게 되어 있는가를 알아볼 때 자동차 전체의 중량이 중심(重心)으로 집중되어 있으며, 힘도 모두 중심으로 걸린다고 생각하면 이해하기 쉽다. 자동차에 가속력(Acceleration Force), 제동력(Brake Force), 원심력(Centrifugal Force)이 가해지면 이들의 힘은 모두 중심으로 가해지며, 힘이 가해지는 방향으로 밀게 되어 결과적으로는 그 힘의 방향으로 중심이 엇갈리는 것과 같은 효과가 발생되는데 이 현상을 **하중 이동(荷重移動)**이라고 한다.

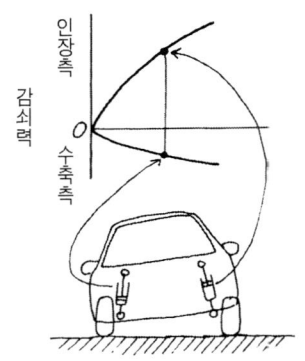

▲ 수축측과 인장측의 감쇠력 특성 : 자동차가 코너링 할 때 외측의 쇽업소버는 수축되고 내측의 쇽업소버는 인장된다. 감쇠력은 외측의 타이어가 빠르게 힘껏 버티고 내측의 타이어의 부상을 지연되도록 하기 위해 수축하는 쪽을 작게 인장되는 쪽을 크게 설정하고 있다.

▲ 쇽업소버의 감쇠력에 의해 스프링이 변형되는 빠르기가 결정된다. 스프링을 바꾸어도 감쇠력이 큰 쇽업소버를 사용하는 것에 의해 스티어링 휠을 조작할 때 응답성을 빠르게 할 수 있다.

　예를 들어 브레이크가 작동되어 무게 중심쪽으로 제동력이 가해졌을 때 하중은 앞으로 이동하고 코너링 중에는 원심력이 작용하여 바깥쪽으로 하중의 이동이 발생된다. 코너링하면서 제동력이 가해지거나 가속되거나 하는 경우가 많은데 이때는 앞뒤, 좌우 동시에 하중의 이동이 발생되는 것이다.

　운전자가 스티어링 휠을 회전시키면 타이어가 방향을 바꾸어 비틀림에 의해 코너링 포스가 발생하고 동시에 중심으로 원심력이 가해져 하중의 이동이 일어난다. 이렇게 되면 좌우 타이어에 동일한 힘으로 가해져 있던 하중이 바깥쪽 타이어에는 크게 되고 스프링은 수축되고, 내측 타이어에서는 하중이 작게 되어 스프링이 늘어난다. 당연한 이야기겠지만 어느 정도 인장되고 수축하는가는 스프링의 스프링 정수에 의해서 결정되며, 딱딱한 스프링은 롤링이 적고 부드러운 스프링은 롤링이 크다.

　이때 스프링의 인장과 수축의 속도를 결정하는 것이 쇽업소버이다. 바깥쪽의 쇽업소버는 수축되면서, 안쪽의 쇽업소버는 인장되면서 감쇠력을 발생시키는데, 앞에서 설명한 것과 같이 쇽업소버가 수축될 때와 인장될 띠는 오일이 별도의 밸브를 통과하면서 각각 감쇠력의 특성을 다르게 할 수 있다.

　수축하는 측과 인장되는 측의 감쇠력 특성이 같으면 안쪽과 바깥쪽 스프링의 인장과 수축하는 속도는 동일한데 보통은 수축하는 측은 감쇠력이 작고, 인장되는 측은 감쇠력이 커지기 때문에 상대적으로 바깥쪽의 스프링이 빠르게 수축되고, 안쪽의 스프링이 느리게 인장되는 것이다. 이렇게 하면 바깥쪽의 스프링이 부상하려는 타이어를 노면에 밀고 있는 시간이 조금 길어지고 그 만큼 타이어와 노면의 마찰력이 커진다. 그 차이는 작지만 스티어링 휠을 꺾은 직후 자동차의 움직임이 빠를 때에는 효과는 유효하게 작용하며, 운전자는 원하는 코너링을 할 수 있다.

이렇게 하여 스프링이 수축될 때의 속도는 쇽업소버로 결정하게 되는데 자동차가 커브를 접어들면서 선회하기 시작할 단계의 운전 감각(Drive Feel)은 쇽업소버의 감쇠력 특성이 특히 큰 영향을 주는 것을 알 수 있다. 스프링을 딱딱하게 해도 쇽업소버의 감쇠력을 크게 하면 스티어링 휠의 응답성이 좋은 자동차로 완성할 수 있는 것은 이 때문이다.

서스펜션의 변형은 스프링의 스프링 정수와 하중에 의해 결정된다. 자동차의 자세가 결정된 상태에서 코너링 도중에 자동차가 어느 정도의 롤링을 하는가는 스프링의 작용에 달려 있으며, 쇽업소버는 자동차가 롤링을 시작하여 자동차의 자세가 결정될 때까지 약간의 시간만 기능을 한다. 따라서 쇽업소버에 의해 조종 안정성을 개선하려고 해도 한계가 있는 것이다.

서스펜션의 튠업시 스프링을 노멀 상태에서 감쇠력이 큰 쇽업소버를 장착해도 스티어링 휠을 처음 꺾을 때는 효력이 있지만 코너링 중에 자동차의 자세는 원리적으로는 변하지 않기 때문에 코너링 스피드가 높아지지 않는다. 반대로 스프링 정수가 큰 스프링으로 교환한 경우 쇽업소버의 감쇠력이 작아도 자동차의 기울어짐이 작아지면서 롤링의 속도가 높아져 컨트롤이 어려워진다. 스프링과 매칭(Matching)한 쇽업쇼버가 필요한 것이다.

4-1. 캠버와 토인의 관계

캠버(Camber)와 토인(Toe-in)은 자동차를 직진시키는 기능을 하기 위해 부여한 것이었으나, 현재는 주행 중의 지오메트리(Geometry) 변화를 고려한 외에 주행 중 타이어의 자세를 바로잡기 위해 부여하게 되었다.

　　타이어의 성능을 충분히 발휘시키기 위해서는 타이어가 항상 노면에 똑바로 서서 진행 방향을 향하여 트레드(Tread)가 확실히 접지(接地)되는 것이 바람직하다. 타이어는 서스펜션에 의해 바디와 연결되어 있는데, 타이어가 노면과 접지되는 자세는 서스펜션의 구성 부품과 어떤 식으로 배치되어 부착되고 관련 부품들이 어떤 식으로 움직이는가에 따라 결정된다.

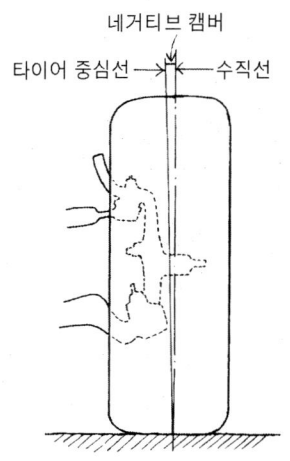

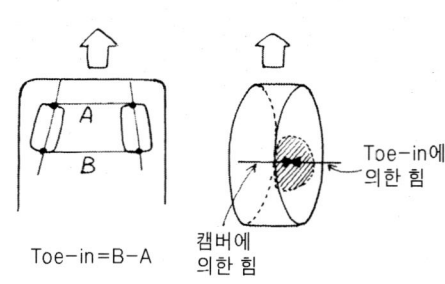

▲ 캠버는 앞에서 보았을 때 노면에 수직인 선에 대한 타이어 중심선의 기울어짐을 말하며, 위가 밖으로 기울어진 것을 포지티브 캠버, 아래가 밖으로 벌어진 것을 네거티브 캠버라고 한다.

▲ 포지티브 캠버와 토인 : 포지티브 캠버를 부여한 경우 타이어를 바깥쪽으로 굴리려는 힘이 발생한다. 이것을 없애기 위해 타이어를 조금 안쪽으로 향하도록 하는데 이것을 토인(Toe-in)이라고 한다.

서스펜션을 구성하는 암(Arm)과 링크(Link)가 어떻게 배치되었는가를 **서스펜션 지오메트리(Suspension Geometry)**라고 하며, 이들의 배치에 따라 타이어가 노면에 대해 어떠한 위치 관계에 있는가를 나타내는 것이 **휠 얼라인먼트(Wheel Alignment)**이다. 특히, 앞바퀴의 휠 얼라인먼트는 조향(操向)에 따라 바뀌고 자동차의 운동 성능에 큰 영향을 준다. 이에 대해 순서 대로 알아보도록 하자.

자동차를 앞에서 보았을 때 타이어의 중심선이 노면에 대해 수직으로 되어 있지 않은 경우를 캠버라고 말하며, 바퀴의 윗부분이 바깥쪽으로 기울어지면 **포지티브 캠버(Positive Camber)**, 안쪽으로 기울어지면 **네거티브 캠버(Negative Camber)**, 그 각도를 **캠버 각(Camber 角)**이라고 한다.

이 캠버도 자동차만의 독특한 것이 아니라 마차(馬車)에서 계승된 것이다. 마차의 캠버는 바퀴가 지면에 접촉되는 쪽을 좁게 한 포지티브 캠버로 인해 바퀴가 설치되어 있는 차축의 끝이 지면을 향하고 있기 때문에 항상 허브가 차축을 눌러 바퀴가 빠지지 않도록 한다. 초기의 자동차 바퀴는 마차의 바퀴를 설치하는 방법을 그대로 이어받아 1.5~2°의 포지티브 캠버(Positive Camber)가 부여되어 왔다.

타이어를 노면에 조금 기울여 굴려보면 기울인 쪽으로 굴러가는데 이것은 접지면(接地面)에 횡력(橫力)이 작용하기 때문이다. 이 힘은 **캠버 스러스트(Camber Thrust)**라 불리며, 오토바이가 코너링 할 때 이 힘에 의지하는 정도가 크지만 자동차의 경우에는 각도가 작기 때문에 힘도 약하다. 그러나 조금이나마 횡력을 발생하고 있기 때문에 캠버가 있는 상태에서 타이어를 직진시키면 접지면에 작용하는 이 힘에 의해서 타이어가 마모된다.

따라서 타이어는 캠버 스러스트를 없애기 위해 조금 안쪽을 향하여 장착되는데 이를 **토인 (Toe-in)**이라고 한다. 1930년경 자동차의 Toe-in은 5~7mm나 되었으나 최근의 Toe-in은 캠버 스러스트를 없앰과 동시에 구름저항으로 인해 타이어의 앞부분이 넓어지려 하기 때문에 이 움직임까지 없애 타이어가 마모되는 것을 방지한다는 의미도 있었다.

캠버와 Toe-in의 균형을 체크하고 자동차가 똑바로 나아갈 때 타이어의 접지면이 미끄러지지 않는지를 알아보는 장치가 자동차의 정비공장에 설치되어 있는 **사이드 슬립 테스터(Side Slip Tester)**이다. 이것은 롤러 위에 자동차를 세우고 타이어를 회전시켜 1m 주행당 타이어가 몇 mm 미끄러지는지를 검출하는 것으로 보통 슬립량이 3mm이하이면 문제가 없다고 한다. 이와 같이 캠버와 Toe-in은 자동차 정비 상의 중요한 체크 포인트였으나 현재는 그다지 중요시되지 않고 있다.

이것은 1970년대 타이어의 레이디얼화가 급속히 진행되면서 서스펜션(Suspension)이 레이디얼 타이어의 장착을 전제로 한 것으로 바뀌었기 때문이다. 레이디얼 타이어(Radial Tire)는 바이어스 타이어(Bias Tire)에 비하면 캠버 스러스트가 작고 캠버에 의해 발생하는 미세한 힘은 실용상 문제가 되지 않는 정도이기 때문에 이것을 없애기 위해 Toe-in을 부여하는 것은 아니다.

현재의 자동차는 타이어에 상하의 움직임이 발생하였을 때 얼라인먼트가 어떻게 변하고 자동차의 움직임이 어떻게 되는지를 검토하여 직진상태에서는 어떻게 있는 것이 좋을지를 생각한 후 결정하고 있다. 예를 들어 Toe-in으로 하여 자동차가 직진상태로 주행하고 있을 때 좌측에서 바람을 불었다고 하자. 이때 하중의 이동으로 인하여 자동차는 오른쪽으로 기울고 오른쪽 방향으로 진행하려 할 것이다. 그러나 Toe-in에 의해 오른쪽 타이어가 약간 왼쪽을 향하고 있었다면 증가된 하중 때문에 자동차를 왼쪽으로 향하게 하는 코너링 포스(Cornering Force)가 생겨 횡풍이 자동차를 오른쪽으로 향하게 하는 힘을 없애는 효과를 얻을 수 있는 것이다.

4-2. 킹핀 오프셋과 스크러브 반경

서스펜션의 기본성능②

킹핀은 앞바퀴의 방향을 바꾸는 너클(Knuckle)의 회전축으로서 실제 설치되어 있다. 현재는 너클을 볼 조인트(Ball Joint)로 지지하는 방식이 일반적이며, 상하의 볼 조인트를 연결하는 직선을 킹핀 축으로 하고 있다.

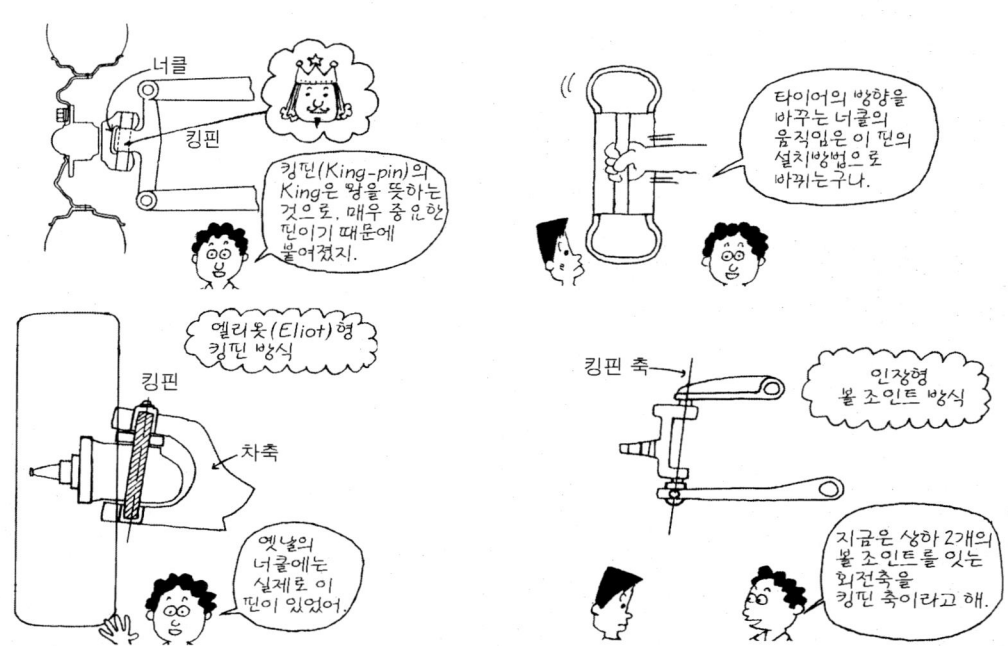

    4륜 마차의 바퀴를 보면 앞바퀴가 뒷바퀴보다 작다는 사실을 알 수 있다. 이것은 그 당시의 사람들이 멋있다고 생각했기 때문일 수도 있지만 진짜 이유는 앞바퀴의 차축 중앙에 피벗(Pivot)을 설치하여 방향을 전환하려면 바퀴가 클 경우에 불편하다는 기능상의 문제가 있었기 때문이다. 옛날의 4륜차는 4개의 바퀴가 같은 크기였고 차축도 차체에 고정되어 있었기 때문에 진행방향을 바꾸기 위해서는 앞바퀴 혹은 뒷바퀴를 들어 올려 진행하는 방향으로 향하도록 하였다.

    마차의 앞 차축에는 피벗이 있고 앞쪽의 하중을 이 피벗으로 받치기 때문에 바퀴가 4개라도 실질적으로 힘이 가해지는 것은 3륜 차와 같아 속도를 내어 달릴 때의 안정성이 나쁘다. 그래서 자동차가 발명된 지 얼마 되지 않아 판 스프링(Leaf Spring)을 사이에 두고 차체에 고정된 차축 끝에 **너클 조인트(Knuckle Joint)**를 설치하여 바퀴의 방향을 바꾸는 구조를 생각하게 되었다.

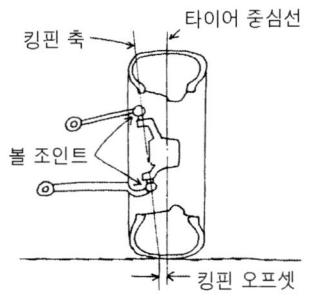

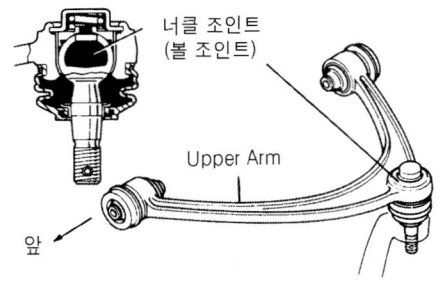

▲ 자동차를 정면에서 보았을 때 킹핀 축의 연
장선이 노면에서 만나는 점과 타이어의 중
심선이 노면에서 만나는 점의 거리를 킹핀
오프셋이라고 한다.

▲ 너클 조인트의 구조 : 너클 조인트는 앞바퀴의
차축을 지지하는 액슬 하우징(Axle Housing)
의 상하 양 끝에 장착되어 있어 조향과 서스펜
션의 행정에 의한 움직임을 부드럽게 따라갈
수 있도록 되어 있다.

너클(Knuckle)은 손목을 뜻하는 것으로 너클 조인트는 바퀴의 정중앙을 손으로 잡아 타이어의 방향을 좌우로 바꾸는 것과 같이 움직인다. 차축 끝에 볼 조인트를 장착하고 허브에 휠을 설치한 것이다.

이 너클 조인트의 중앙에 있는 것이 **킹핀(King-pin)**으로 너클 조인트는 이 핀을 축으로 하여 좌우로 고개를 흔드는 것처럼 움직이는데 자동차를 정면에서 보았을 때 좌우의 킹핀은 노면에 대해서 수직으로 장착되어 있지 않고 아래쪽으로 벌어져있다. 만약, 킹핀이 노면에 대해서 수직으로 되어 있으면 자동차가 정지한 상태에서 핸들을 회전시킬 경우 이 킹핀 축을 중심으로 타이어를 회전시키는데 큰 힘을 필요로 하기 때문이다.

좌우의 킹핀을 정면에서 보았을 때 아래쪽이 벌어지도록 세팅하여 킹핀의 중심선이 노면과 만나는 점을 타이어의 접지 면에 가깝게 하면 타이어를 굴리는 힘이 약해지고 방향이 바뀔 때에 타이어를 들어 올리는 힘이 발생하면서 스티어링 휠을 꺾는데 힘이 든다. 그러나 킹핀을 아래쪽이 벌어지도록 기울임과 동시에 킹핀의 중심선이 노면에서 만나는 점과 타이어의 접지 면의 중심이 일치하도록 하면 타이어를 이 점 위에서 비트는 것과 같이 되기 때문에 비교적 작은 힘으로 타이어의 진행 방향을 바꿀 수 있다.

킹핀의 기울기는 **킹핀 경사각(King-pin 傾斜角)**이라 불리며, 킹핀의 중심선과 타이어 접지 면 중심의 간격은 **킹핀 오프셋(King-pin Offset)** 또는 **스크러브 반경(Scrub Radius)**이라고 한다. 오프셋은 그 거리만큼 '떨어뜨려 세팅' 되어 있다는 것을, 스크러브(Scrub)는 '문지른다' 는 의미를 뜻하는데 이 수치는 스티어링 휠의 무게뿐만 아니라 자동차의 조종성에도 영향을 준다.

자동차가 앞을 향하여 주행할 때의 구름저항과 브레이크를 작동시켰을 때의 제동력은 타이어 접지면의 중심에 가해지지만 이 힘은 킹핀이 지지하고 있기 때문에 킹핀 오프셋이 설계되어 있어 킹핀의 중심선과 타이어 접지면의 중심이 맞지 않으면 킹핀 축을 중심으로 하여 너클을 회전시키려는 힘이 발생한다.

좌우 타이어의 구름저항과 제동력이 같으면 좌우 너클을 회전시키려는 힘은 같지만 방향이 반대이기 때문에 서로 상쇄되어 없어지므로 문제는 없다. 그러나 예를 들어 브레이크가 한 쪽만 작동되어 오른쪽 타이어의 제동력이 왼쪽 타이어의 제동력보다 크면 너클을 회전시키려는 힘도 오른쪽이 커지기 때문에 스티어링 휠이 오른쪽으로 돌아가게 된다. 또한, 한쪽 타이어만 노면의 돌기에 접촉될 경우에도 마찬가지로 그 방향 쪽으로 스티어링 휠이 돌아가게 되는 것이다.

또한, 현재의 멀티 링크식(Multi-link式)과 더블 위시본식(Double Wishbone式) 서스펜션에는 킹핀의 자체가 존재하지 않아 너클을 좌우로 회전시킬 수 있도록 허브 상하의 양 끝에 설치된 볼 조인트를 연결한 중심선을 킹핀 축으로 하고 있다. 또한, 스트럿 서스펜션(Strut Suspension)의 킹핀 축은 스트럿의 상단과 서스펜션 암(Suspension Arm) 끝의 볼 조인트를 연결하는 중심선이다. 킹핀 축은 이와 같이 실제로 존재하지 않는 킹핀의 축을 말하는 것으로 정확히는 **가상 킹핀 축**이라 불리고 있다.

4-3. 네거티브 스크러브 지오메트리 효과

서스펜션의
기본성능③

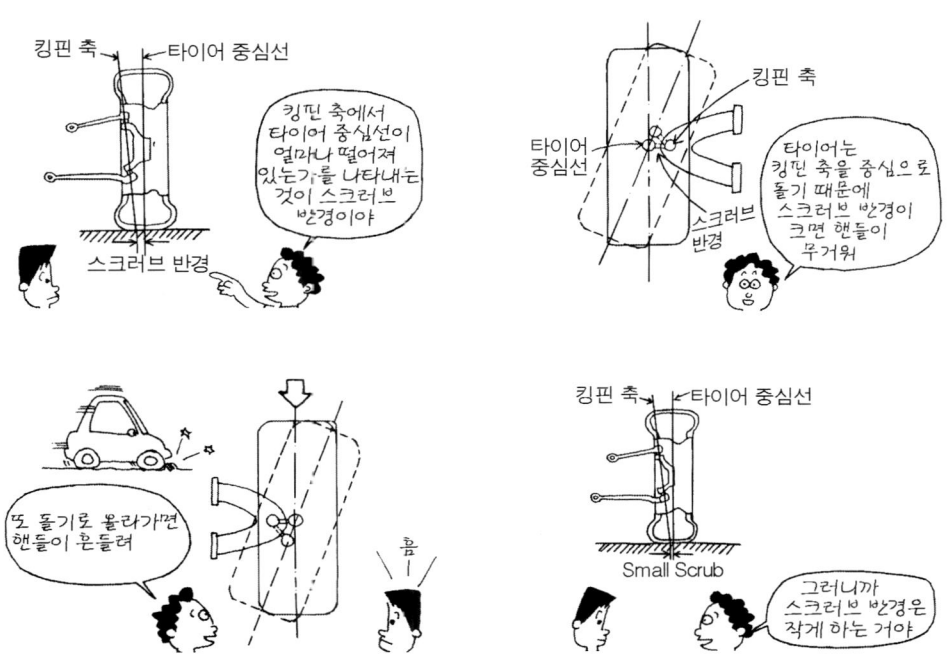

조향(Steering)에 대한 영향을 피하기 위해 킹핀 옵셋은 작게 설정되어 있는 것이 일반적이며, 15mm 전후보다 작은 경우를 **스몰 스크러브(Small Scrub)**, 수 mm 이하의 경우를 **제로 스크러브(Zero Scrub)**라 불리고 있다. 또한, 킹핀 중심선의 연장선이 노면을 가로지르는 점은 타이어 접지면의 중심보다 안쪽에 있는 것이 일반적이나 반대로 바깥쪽에 있도록 한 것이 있는데 이것은 **네거티브 스크러브 지오메트리(Negative Scrub Geometry)**라 불린다.

브레이크가 작동되었을 때 앞바퀴의 좌우 제동력이 다르면 자동차는 제동력이 큰 방향으로 기울어져 진행하려 하지만 Negative Scrub Geometry가 되어 있으면 이 움직임을 억제하려는 힘이 발생한다. 자동차의 주행 안정성을 좋게 하기 위해 FF 자동차에 적용되고 있는 경우가 많은데 그 효과를 2가지 경우로 확인해보자.

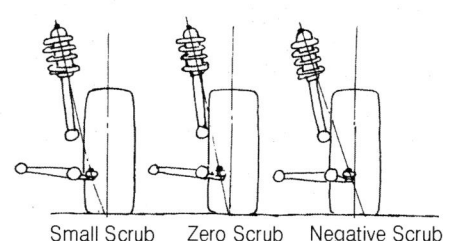

Small Scrub　　Zero Scrub　　Negative Scrub

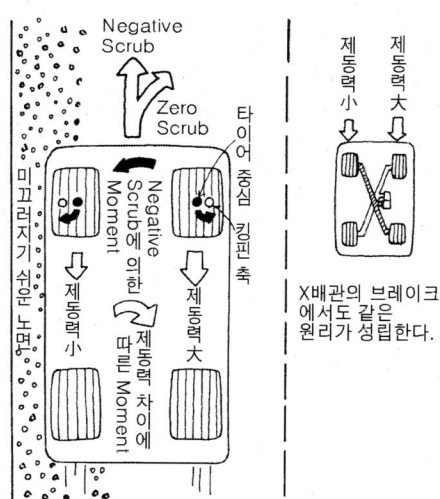

먼저, 좌우 앞바퀴의 마찰계수가 다른 노면을 주행하고 있는 상태에서 브레이크를 작동시켰을 경우를 생각해보자. 예를 들면, 갓길 쪽에 눈이 남아 있는 노면에서 반대편 차를 비켜가기 위해 왼쪽으로 붙여 좌측의 타이어가 눈 위로 올라간 상태에서 브레이크를 작동시켰다고 하였을 때 오른쪽 타이어가 포장도로에 있고 왼쪽 타이어가 미끄러지기 쉬운 노면에 있다면 당연히 오른쪽 타이어의 마찰력이 왼쪽보다 크기 때문에 자동차는 오른쪽으로 돌아 반대편 차선 쪽으로 진행하려 할 것이다.

이 때 킹핀 옵셋이 제로에 가까운 Zero Scrub이면 이 움직임에 영향을 줄 만큼의 힘은 발생되지 않지만 Negative Scrub가 되어 있다면 어떨까. 이 경우에는 킹핀 중심선의 연장선이 노면을 가로지르는 점이 타이어의 접지중심보다 바깥쪽에 있기 때문에 접지면에 제동력이 앞에서부터 걸리면 타이어를 자동차의 안쪽 방향으로 향하게 하려는 힘이 발생한다. 즉, 왼쪽 타이어는 오른쪽으로, 오른쪽 타이어는 왼쪽으로 향하려 한다.

이 회전력은 제동력이 클수록 크기 때문에 갓길 쪽의 눈 위에 올라가 있는 왼쪽 타이어가 오른쪽으로 돌아가려는 힘보다도 오른쪽의 포장 노면 상에 있는 타이어가 왼쪽으로 향하려는 힘이 더 크다. 즉, 자동차는 두 힘의 관계 때문에 오른쪽 타이어의 영향을 강하게 받아 왼쪽 방향으로 향하려고 하는 것이다.

자동차는 좌우 타이어의 제동력 차이에 의해 반대편 차선의 방향으로 진행하려 하나 Negative Scrub에 의해 자동차를 반대로 갓길 방향으로 진행하게 하는 힘이 발생하여 결과적으로 진로의 혼란을 막을 수 있다.

또 하나는 **X배관 브레이크**에서 한쪽의 기능이 나빠진 경우를 들어보자. 브레이크는 안전한 주행을 위해서는 불가피한 장치이며, 부품 하나의 고장으로 브레이크 전체가 전혀 작동하지 않는 사태가 절대 발생해서는 안 된다. 이 때문에 브레이크 계통이 2계통으로 분할되어 있어 한쪽에서 고장이 발생된 경우에도 어느 정도의 제동력을 확보할 수 있도록 되어 있다.

이전에는 제동 계통을 앞바퀴와 뒷바퀴로 나눈 것이 많았다. 그러나 FF 자동차는 제동력의 대부분을 앞바퀴에 의지하고 있기 때문에 만일 앞쪽에서 고장이 발생되면 브레이크의 작동이 매우 나빠지기 때문에 FF 자동차에서는 왼쪽 앞바퀴와 오른쪽 뒷바퀴, 오른쪽 앞바퀴와 왼쪽 뒷바퀴를 각각 연결하는 X형 배관 방식을 적용하고 있는 자동차가 많다.

이 시스템을 예로 들어 왼쪽 앞바퀴와 오른쪽 뒷바퀴를 연결하는 브레이크 계통에서 고장이 발생되어 작동이 나빠진 경우를 생각해보자.

만약 앞뒤 바퀴의 브레이크 작동이 같다면 계산상으로는 자동차에 작용하는 힘의 좌우 균형이 잡혀 진행 방향이 흔들리는 경우는 없다. 그러나 실제의 자동차에서 브레이크 페달을 밟으면 관성에 의해 하중의 이동이 발생되어 앞바퀴의 하중이 뒷바퀴보다 커지기 때문에 앞 타이어 (Front Tire)의 마찰력이 뒤 타이어(Rear Tire)의 마찰력보다 커지게 된다.

왼쪽 앞바퀴와 오른쪽 뒷바퀴를 연결하는 브레이크 계통에서 고장이 발생되면 왼쪽 뒷바퀴보다 오른쪽 앞바퀴의 브레이크가 잘 듣기 때문에 좌측 타이어가 갓길의 눈 위로 올라간 경우와 같이 자동차는 오른쪽 방향으로 진행하려 한다. 이 자동차의 앞바퀴에 Negative Scrub가 되어 있다면 너클이 킹핀을 중심으로 회전하여 타이어를 자동차의 안쪽 방향으로 향하려는 힘이 발생된다.

이 힘을 좌우 타이어로 비교하면 브레이크가 잘 듣는 우측이 크기 때문에, 좌우를 합한 힘은 자동차를 왼쪽으로 향하도록 하는 힘이 되어 좌우의 제동력 차이에 의해 발생한 자동차를 오른쪽으로 향하게 하는 힘을 억제하여 자동차의 흔들림을 작게 하는 것이다.

4-4. 캐스터와 트레일의 관계

서스펜션의 기본성능④

캐스터는 킹핀 축이 뒤쪽으로 기울여 설치되어 있는 것을 말한다. 이 기울임에 의해 주행 중 타이어의 주행 방향이 바뀌었을 때에 원래 방향으로 향하는 힘이 발생하여 자동차의 직진성이 좋아진다.

킹핀 중심선은 자동차를 앞에서 보았을 때에 아래가 벌어지도록 안쪽으로 기울어져 있어 킹핀 중심선의 연장선이 노면을 가로지르는 점과 타이어 접지면 중심과의 수평거리를 **킹핀 오프셋(King-pin Offset)**이라고 한다는 것은 앞에서 설명한 바와 같다.

사실 킹핀 중심선은 자동차에 대해서 안쪽으로 기울어짐과 동시에 뒤쪽으로도 기울어져 있어 자동차를 옆에서 보았을 때 킹핀 축의 기울기를 **캐스터(Caster)**, 노면에 대해 수직선이 되는 각도를 **캐스터 각(Caster Angle)**이라고 한다.

또한, **킹핀 경사각(Kingpin Inclination)**과 킹핀 옵셋의 관계가 같도록 킹핀 중심의 연장선이 노면을 가로지르는 점과 타이어 접지면의 중심 사이에는 어느 정도의 거리가 발생하는데 이것을 **트레일(Trail)**이라 부른다.

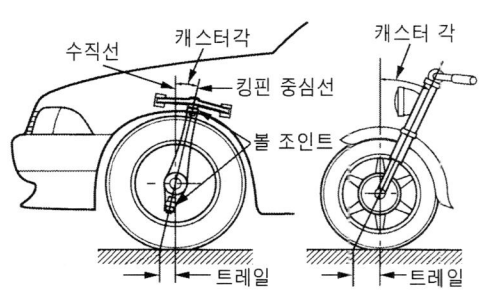

▲ 캐스터 각과 트레일 : 자동차를 옆에서 보았을 때 킹핀 축의 중심선이 노면에 대해 수선(垂線)과 이루는 각도를 캐스터 각이라 하며, 킹핀 축의 중심선이 노면을 가로지르는 점과 타이어 중심선이 노면을 가로지르는 만나는 점과의 수평거리를 트레일 또는 캐스터 트레일이라 부른다.

▲ 스티어링 휠을 꺾은 상태에서 코너링을 하면서 손을 놓으면 스티어링 휠은 자동적으로 직진시의 위치로 되돌아간다. 이 스티어링 휠을 회전시키는 힘은 캐스터의 트레일에 의한 복원력(復元力)과 타이어의 복원 토크를 더한 힘이다.

즉, 킹핀 중심선은 말하자면 운전자 방향으로 기울어져 있어 그 각도를 앞에서 보았을 때를 킹핀 경사각, 옆에서 보았을 때를 캐스터 각이라 부르며, 킹핀 중심의 연장선이 노면을 가로지르는 점과 타이어 접지면 중심과의 수평거리를 앞에서 보았을 때에 킹핀 옵셋, 옆에서 보았을 때에 트레일이라 부르는 것이다.

이 캐스터도 차축의 앞에 너클(Knuckle)이 설치되었던 당시부터 고려되어져 있어 처음에는 하중과 노면 저항을 합한 합력(合力)을 축방향으로 받도록 하기 위한 것이었다. 즉, 킹핀을 노면에 대해서 수직으로 세팅하면 타이어의 구름저항에 의해 킹핀 축을 굽히려 하는 힘이 작용하여, 너클에 무리가 오기 때문에 조금 뒤로 기울인 것이다.

사무용 의자나 여행용 수트케이스(Suitcase)에 장착되어 있어 진행방향을 자유롭게 바꿀 수 있는 바퀴도 캐스터라 한다. 수트케이스를 밀면서 캐스터의 움직임을 보고 있으면 가끔씩 좌우로 고개를 흔드는 것과 같이 움직이는데 이것은 노면이 울퉁불퉁하여 바퀴의 진행방향이 바뀌면 접지면에 원래의 방향으로 되돌아가려는 힘이 발생되기 때문으로 자동차의 캐스터에도 동일한 힘이 작용한다.

조금 더 자세히 알아보자. 트레일이 있는 바퀴가 굴러갈 때에는 타이어 마찰력(구름저항)의 중심은 킹핀 축보다 뒤에 있기 때문에 마찰력이 작용하는 방향은 항상 킹핀 축의 중심선이 진행하는 방향과 일치하려고 한다. 예를 들면, 스티어링 휠을 조작하여 타이어를 왼쪽으로 돌렸다고 가정하였을 때 타이어의 마찰력이 작용하는 방향이 킹핀 축 중심선의 진행방향에 대하여 왼쪽으로 틀어지기 때문에 타이어를 오른쪽으로 향하게 하는 힘(킹핀 축 주변의 토크)이 발생한다. 즉, 트레일이 있으면 항상 킹핀 축의 중심선이 진행하는 방향으로 바퀴가 향하도록 하는 복원력이 자동적으로 발생하는 것이다.

이 힘은 스티어링 휠을 조작하였을 때의 감각으로 느낄 수 있는데 스티어링 휠을 꺾은 상태에서 손을 놓았을 때 앞바퀴를 원래의 직진상태로 되돌려 놓으려는 작용을 한다. 따라서 트레일이 작으면 스티어링 휠을 가볍게 회전시킬 수 있지만 복원력은 나빠진다. 조향(操向)했을 때 스티어링 휠의 무거움은 이 트레일과 동시에 타이어의 **복원 토크(Self Aligning Torque)**의 영향도 받는다.

셀프 얼라이닝 토크는 타이어의 코너링 포스(Cornering Force)의 착력점(着力点)이 타이어의 접지중심보다도 뒤로 밀려있기 때문에 발생한다는 것은 앞에서 설명한 대로이다.

이 코너링 포스의 착력점과 타이어 접지중심과의 거리는 **뉴매틱 트레일(Pneumatic Trail)**이라 불리며, 캐스터에 의한 트레일을 **메커니컬 트레일(Mechanical Trail)** 또는 **캐스터 트레일(Caster Trail)**로 호칭을 구분하여 취급하는 경우가 있다.

파워 스티어링(Power Steering)의 보급으로 현재는 스티어링 휠을 조작할 때의 스티어링 휠 무거움이 문제시되는 경우는 거의 없으나 조향력을 작게 하기 위해서는 이 2개의 트레일을 작게 하는 방법 외에 앞에서 서술한 바와 같이 **스크러브 반경(Scrub Radius)**을 작게 하는 방법도 있지만 모두 킹핀의 경사를 변화시키는 것으로 바꾸는 것이 가능하다. 또한, 트레일을 작게 하기 위해 캐스터 각을 바꾸지 않고 킹핀 축을 뒤로 평행 이동하는 방법을 택하는 경우도 있다. 이때의 킹핀 축의 이동량을 **캐스터 옵셋(Caster Offset)**이라고 한다. 캐스터 옵셋을 적정하게 세팅함에 따라 조향력을 조정할 수 있다는 것은 말할 필요도 없다.

4-5. 지오메트리 변화와 조종 안정성

타이어는 스트럿(Strut)과 컨트롤 암(Control Arm), 링크(Link) 등의 길이와 배치에 따라 위치가 결정되고 있어 서스펜션에 움직임(Stroke)이 발생하면 그 위치의 관계에 의해서 노면에 접지되는 자세가 변화된다. 이것이 지오메트리(Geometry) 변화이다.

서스펜션의 기본성능⑤

서스펜션의 기본적인 기능은 먼저 자동차의 중량을 지지하고 노면에서의 충격을 완화시키는 것과 4개의 타이어를 노면으로 내리눌러 구동력과 제동력을 전달하는 역할을 한다. 이에 더하여 서스펜션은 바디에 대하여 바퀴의 위치를 결정하는 기능이 있다. 즉, 타이어의 성능을 충분히 끌어낼 수 있도록 노면에 대해서 언제라도 똑바른 자세를 유지하도록 서스펜션의 부품이 적정하게 배치되어 있어야 한다.

자동차가 가속, 감속, 코너링을 하면 하중의 이동이 발생되어 자동차는 전후, 좌우로 기울고 노면의 불균형에 의해 서스펜션이 상하 움직임(Stroke)이 발행하기 때문에 타이어와 휠의 자세가 항상 변화되고 힘이 가해지는 방향도 바뀐다.

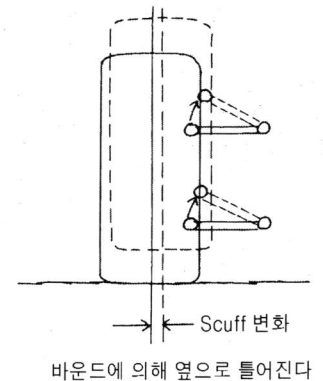

바운드에 의해 옆으로 틀어진다

── Scuff 변화

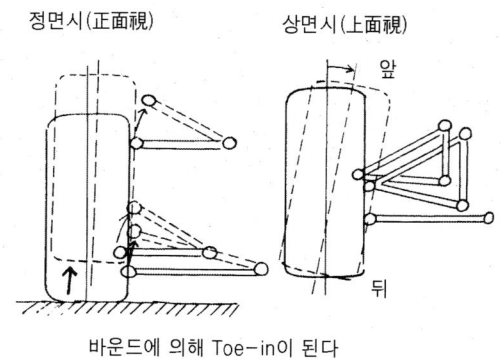

정면시(正面視)   상면시(上面視)

앞

뒤

바운드에 의해 Toe-in이 된다

▲ 서스펜션 스트로크에 의한 Scuff 변화 : 상
하의 동일한 길이로 평행하게 배치된 컨트
롤 암이 상하로 움직였을 때 타이어가 옆으
로 이동하는 현상을 Scuff 변화라고 한다.

▲ 서스펜션의 움직임에 의한 Toe 변화 : 서스펜
션이 상하로 움직였을 때 타이어의 방향이 바
뀌는 현상을 Toe 변화라고 한다.

　타이어에 가해지는 힘을 먼저 살펴보면 엔진으로부터의 구동력과 엔진 제동력이 타이어의 중심에 작용하여 접지면에 하중, 제동력, 코너링 포스(횡력), 복원 토크(Self Aligning Torque)가 작용한다. 그리고 실제로 이들의 힘이 작용하였을 때 타이어가 움직일 수 있는 범위는 스프링과 쇽업소버가 장착된 상하방향으로 수cm~10cm 정도, 조향되는 앞바퀴에서는 좌우로 30° 정도로, 그 외의 방향에는 기본적으로는 움직이지 않는다.

　이렇게 작동하기 때문에 서스펜션이 모두 견고하게 연결되어 있어 전혀 여유가 없다면 외부로부터 가해진 힘 중에서 상하방향의 성분만은 스프링과 쇽업소버가 흡수한 후 바디로 전달되지만 그 밖의 힘은 직접 바디로 전달된다.

　요철(凹凸)이 심한 노면을 주행하면 타이어는 위로 밀려 올라감과 동시에 돌기와 홈이 있는 노면에 충돌한다. 위를 향하는 힘은 타이어의 스트로크(stroke)로 흡수하지만 전후, 좌우에서 가해지는 힘은 어디서 흡수하는 것일까.

　사실 전후, 좌우로부터의 충격은 서스펜션 부품의 조인트 부분에 사용되고 있는 **러버 부시(Rubber Bush)**가 처리하고 있다. 이것은 그 이름 그대로 고무로 되어있기 때문에 타이어와 같이 고무의 탄성이 가해지는 힘을 흡수하고 있다.

　타이어는 스트럿과 컨트롤 암 및 링크 등의 배치와 길이에 따라서 그 위치가 결정된다. 또한 킹핀 축이 노면에 대해서 기울어져 있기 때문에 자동차의 자세가 변함에 따라 타이어가 상하로 움직이면 서스펜션의 지오메트리도 변한다. 그리고 조인트 부분의 러버 부시가 변형되면 마찬가지로 지오메트리도 변한다. 이와 같이 타이어의 상하 움직임으로 인해 생기는 타이어의 자세가 변화하는 것을 **지오메트리 변화** 또는 **휠 얼라인먼트(Wheel Alignment) 변화**라고 한다. 이와 같이 지오메트리 변화에는 움직임(Stroke)에 의해 기계적으로 발생하는 것과 러버 부시의 변형(Compliance)에 의해 발생하는 것으로 크게 2가지로 나누어 생각할 수 있다.

서스펜션의 움직임(Stroke)에 의해 발생된 지오메트리 변화 중 하나로 **Scuff 변화**가 있다. 이것은 서스펜션이 상하(上下) 동일한 길이로 평행하게 배치된 컨트롤 암(Control Arm)으로 지지되고 있는 상태에서 타이어가 상하로 움직였을 때 상자를 옆으로 놓고 찌그러뜨렸을 때와 같이 안쪽으로 평행하게 이동하는 것과 같은 움직임이다. 이 움직임이 큰 자동차로 울퉁불퉁한 노면을 주행하면 타이어가 상하로 움직일 때마다 좌우로 흔들리는 움직임이 발생하여 안정성이 나쁘게 느껴지는 것이다.

서스펜션의 움직임에 의해 타이어의 방향이 변하는 현상은 **Toe 변화**라 불리며, 이것은 자동차의 롤링(Rolling)에 동반하여 발생하기 때문에 **롤 스티어(Roll Steer)**라고도 한다. 타이어는 요철의 노면에 의해 상하운동을 하기 때문에 Toe 변화가 있으면 노면의 굴곡에 따라 타이어의 방향이 바뀌고 자동차의 안정성이 나쁘게 느껴지기 때문에 실제 자동차에서는 제로(Zero)가 되도록 설정되어 있는 것이 보통이다.

단, 서스펜션이 휘었을(Bump시) 때에 앞바퀴를 약간의 토 아웃(Toe-out)이 되도록 하여 뒷바퀴에 비해 코너링 포스를 약간 작게 하면 자동차는 약한 언더 스티어(Under Steer)로 할 수도 있다. 이 Toe 변화에는 서스펜션의 기계적인 움직임과 동시에 부시 컴플라이언스(Bush Compliance)도 관계하고 있는 경우가 많다.

4-6. 강성과 컴플라이언스

서스펜션의 기본성능⑥

동일한 물건이라도 힘이 가해졌을 때 형태가 변하기 어려운 경우는 강성이 높다고 말하고 반대로 형태가 변하기 쉬운 경우에는 컴플라이언스(Compliance : 탄력성, 유연성)가 크다고 한다. 강성(剛性, Stiffness)과 컴플라이언스는 역수(逆數) 관계에 있다.

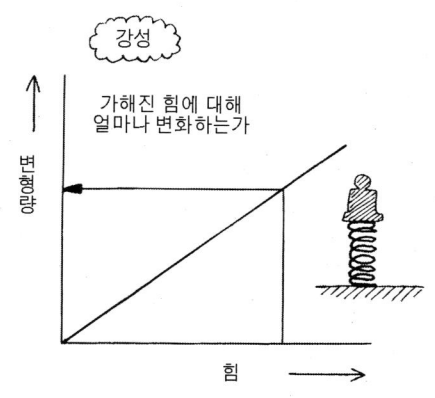

▲ 강성은 변형되기 어려움을 나타내며, 가해진 힘에 대해 물체가 얼마만큼 변형하는지를 말한다.

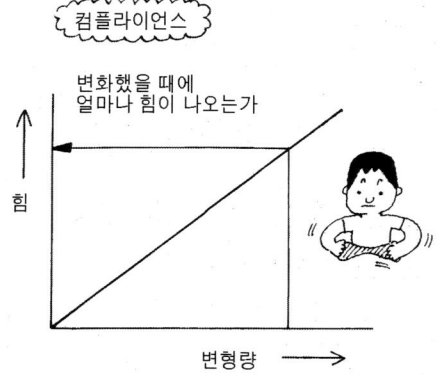

▲ 컴플라이언스는 변형되기 쉬움을 표현하며, 물체가 변형되었을 때에 얼마만큼의 힘이 발생하는지를 말한다.

자동차의 조종 안정성을 보다 좋게 하기 위해서는 스프링과 속업쇼버를 견고하게 하고, 승차감을 좋게 하기 위해서는 부드럽게 하는 것이 이상적이다. 현실적으로 자동차를 만들거나 튜업(Tune-up)할 경우 조종 안정성과 승차감의 균형을 목표에 가깝게 하기 위해 스프링과 속업쇼버의 특성을 좁혀가는 것인데 이것은 단순히 서스펜션뿐만 아니라 자동차 전체에도 해당된다고 할 수 있다.

서스펜션과 자동차의 특성을 대강 들어보면 '견고하다 / 부드럽다'고 이야기하는데, 견고함, 부드러움이 어떠한 특성을 뜻하는 것인지를 정확히 정해 둘 필요가 있기 때문에 **강성**과 **컴플라이언스**라는 용어가 사용된다.

강성이라는 것은 외부에서 가해진 힘에 대하여 얼마나 형태가 변형되기 어려운가를 말하는 것으로 예를 들어 바디 강성은 바디의 일부에 힘이 가해졌을 때 변형되기 어려움을, 굽힘 강성은 봉 등을 구부리려고 할 때 잘 구부러지지 않는 것을 나타낸다. 봉을 비틀려고 했을 때 비틀기 어려움은 비틀림 강성이다.

    강성, 즉 변형되기 어려움은 가해진 힘에 대해 어느 정도 모양이 변하는지로 나타낼 수 있다. 코일 스프링에 20kgf의 힘이 가해져 10mm가 변형되었다고 하면 그 강성은 20 / 10에서 2kgf/mm이다. 다시 말하면 1mm를 변형시키기 위해서는 2kgf의 힘이 필요하다는 것을 나타내는 것이다. 이것은 **스프링 정수(반력계수, Spring Rate)**로 스프링의 인장 강성이나 수축 강성은 스프링 정수로 나타내는 것이다.

    같은 스프링이라도 토션 바 스프링(Torsion Bar Spring)의 강성은 비틀림 강성이기 때문에 봉을 비트는 힘인 토크를 몇도 비틀 수 있는지로 나눈 kgf/°로 나타낸다. 실제로는 이 단위는 사용하기 어렵기 때문에 토션 바 스프링에 연결된 암의 앞부분에 가해진 하중에 대하여 얼마나 휘어지는가를 스프링 정수로 환산하여 나타내는 경우가 많아 **비틀림 스프링 정수(Torsional Spring Rate)**라고 한다. 강성은 가해진 힘을 변형량으로 나눈 단위로 나타내며, 그 크기가 클수록 견고하다는 의미로 강성이 높다고 표현한다. 반대로 부드러우면 강성이 낮다고 표현한다.

    한편, 컴플라이언스는 강성이 잘 변형되지 않는 것을 표현하는 것에 비하여 반대로 변형되기 쉬운 것을 나타내며, 스프링의 경우에는 단위로 mm/kgf이 이용된다. 즉, 1kgf의 힘을 가하였을 때 몇 mm 변형되는가를 나타내는 것이다. 단위를 보면 알 수 있듯이 컴플라이언스는 강성의 하중과 변형관계의 표현 방법이 반대이며, 수학에서는 이 관계를 '컴플라이언스는 강성의 역수'라고 표현한다. 즉, 같은 물건의 성질을 보는데 있어서 견고함은 어떤가라는 단면에서 보는 것이 강성이고, 부드러움은 어떤가라는 방향에서 보는 것이 컴플라이언스인 것이다.

    컴플라이언스는 강성을 대신하는 용어로서 어떤 물체에 대해서도 말할 수 있으나 금속으로 만들어진 것과 같이 변형되기 어려운 것에는 강성을, 고무처럼 변형되기 쉬운 것에는 컴플라이언스를 사용하는 것이 보통이다. 단, 자동차의 경우 고무는 서스펜션과 바디를 비롯하여 엔진 등 금속으로 만들어진 부품의 일부로서 사용되고 있기 때문에 그 견고함을 표현할 때는 강성과 컴플라이언스를 동시에 사용하면 혼란스러워 고무의 견고함도 금속과 같이 강성의 단위로 나타내는 것이 일반적이다. 예를 들면 고무를 스프링으로 사용한 경우는 금속 스프링과 같은 강성을 스프링 정수로 나타내는 것이다.

이러한 뜻에서 컴플라이언스라는 용어는 변형되기 쉬운 서스펜션을 '컴플라이언스가 크다' 라고 하거나 서스펜션이 변형되어 타이어의 방향이 변화된 경우에 '컴플라이언스 스티어가 발생했다' 고 하듯이 부드러움을 나타내는 수단으로 사용되며, 이것을 수치로 나타내는 경우는 적다.

서스펜션의 강성이 높다는 것은 서스펜션이 불필요한 움직임이 어렵다는 것이며, 당연히 자동차의 조종 안정성이 좋고 강약이 있는 핸들링을 나타낸다. 컴플라이언스가 큰 서스펜션은 승차감은 좋으나, 자동차의 움직임은 둔한 것이 된다.

4-7. 러버 부시의 기능

러버 부시(Rubber Bush)의 형상이나 재질은 서스펜션에 장착하는 방법에 따라 진동을 흡수하는 것과 동시에 서스펜션의 움직임을 컨트롤하여 조종 안정성을 향상시키는 역할을 한다.

서스펜션의
기본성능 ⑦

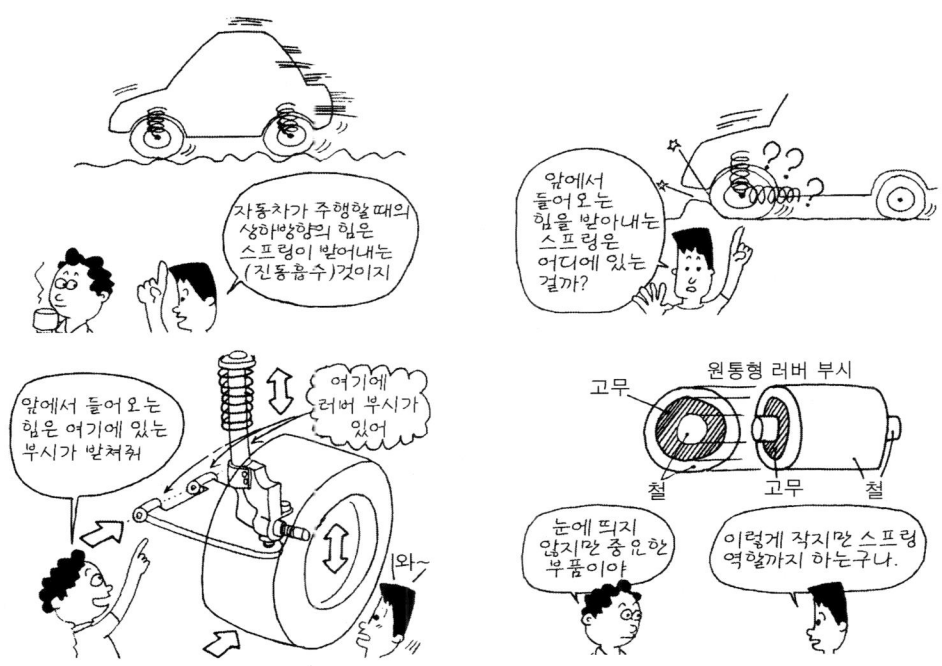

타이어가 요철(凹凸)의 노면을 주행할 때 발생하는 큰 진동은 스프링과 쇽업소버(Shock Absorber)가 함께 작동하여 흡수하지만 거칠고 미세한 진동은 흡수되지 않고 그대로 바디로 전달되는 경우가 많다. 거친 노면에 의해서 타이어의 트레드가 노면과 부딪쳐 발생하는 진동을 흡수하거나 타이어가 돌기에 올라갔을 때 앞에서 들어오는 힘을 흡수하여 스티어링 휠에 전달되는 충격을 완화시켜 주는 것은 서스펜션과 조향 계통이 바디와 연결되는 부분에 장착되어 있는 **러버 부시(Rubber Bush)**이다.

러버 부시는 바디 측에 설치되는 금속부분과 서스펜션 측에 설치되는 금속 부분의 사이에 고무가 있다는 것만이 공통될 뿐 그 형태는 사용되는 장소에 따라 천차만별이며, 자동차에는 2중으로 된 파이프 사이에 고무가 내장되어 있는 원통형 부시(Bush)가 가장 많이 사용되고 있다.

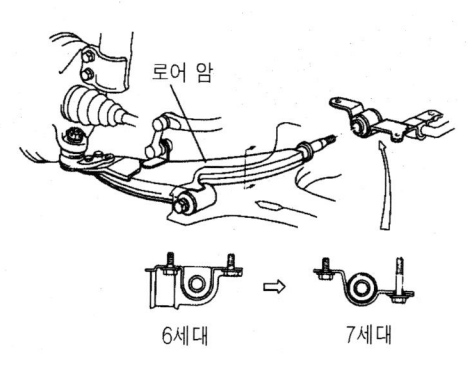

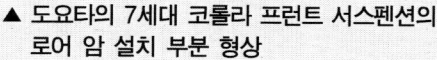

6세대 → 7세대

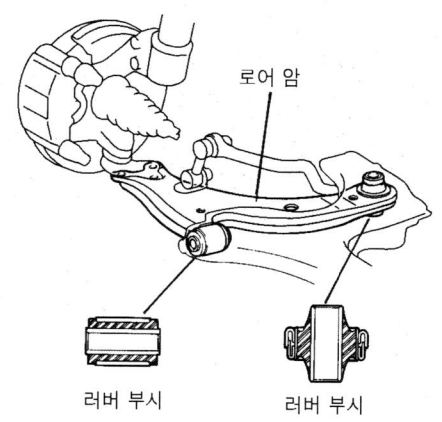

로어 암

러버 부시   러버 부시

▲ 도요타의 7세대 코롤라 프런트 서스펜션의 로어 암 설치 부분 형상

▲ 도요타의 8세대 코롤라 프런트 서스펜션의 로어 암 설치 부분 형상

부시에 사용되고 있는 고무는 타이어와 같이 검은 색이나 이것은 고무 속에 카본 블랙이 들어있기 때문이다. 카본 블랙은 석유와 천연가스를 불완전 연소시켜 만들어진 그을음으로 천연고무와 합성고무에 첨가하면 강도, 탄성, 내마모성 등의 물리적인 성질이 비약적으로 개선되기 때문에 색이 문제가 되지 않는 고무 제품에는 전부라고 해도 좋을 정도로 카본 블랙이 함유되어 있다.

러버 부시는 **방진(防振) 고무**라고도 불리듯이 진동을 흡수하는 기능을 하지만 그 기능에는 스프링과 같이 고무의 탄성이 이용된다. 고무의 탄성은 카본 블랙을 첨가하는 양에 따라 변하는 경우가 많은데 그 밖에도 여러 가지 화학물질을 첨가하는 것에 의해, 예를 들어 고무줄과 같이 잘 늘어나는 것부터 범퍼와 같은 고체에 가까운 것까지 자유롭게 만들 수 있다. 다양한 플라스틱 제품이 사용되고 있는 현재는 믿기 어렵겠지만 옛날 만년필의 자루에는 에보나이트(Ebonite, 경질 고무)라는 딱딱한 고무가 사용되었다. 에보나이트는 천연고무에 카본 블랙과 유황을 첨가하고 가열하여 성형한 배합고무의 일종인 것이다.

부시의 탄성은 고무 자체의 탄성뿐만 아니라 그 형태와 크기에 따라서도 변한다. 예를 들면 1995년에 출시된 8세대 코롤라(Corolla)에서는 프런트 서스펜션 개량의 일부가 부시의 특성을 바꾸는 것으로 행해졌다. 실제로 러버 부시가 어떻게 사용되고 있는지 알아보자.

코롤라의 프런트 서스펜션에는 스트럿식(Strut式)이 사용되고 있으며, 이 서스펜션에 대해서는 나중에 자세하게 설명하겠으나, 속업소버를 내장하고 스프링을 설치한 스트럿(支柱)을 세로로 두고 상단을 바디에 장착하고 하단을 로어 암(Lower Arm)으로 지지하는 구조로 되어 있다. 로어 암은 삼각형으로 이루어져 있으며, 삼각형의 끝 부분 중 한 부분에 스트럿의 하단이 장착되어 있으며, 그 끝에 타이어가 장착되고 남은 2개의 끝 부분이 원통형 러버 부시를 사이에 두고 바디에 장착되어 있다.

이 구조로 추정할 수 있듯이 서스펜션에 가해지는 상하의 힘은 스트럿에 장착되어 있는 스프링과 쇽업소버로 흡수하여 바디로 전달되는 것에 비하여 앞뒤, 좌우의 힘은 로어 암 2개의 부시가 흡수하여 바디로 전달되기 때문에 스트럿식 서스펜션에서는 로어 암의 부시가 자동차의 진동 승차감과 조종 안정성에 큰 영향을 주는 중요한 부품이라는 것을 알 수 있다.

7세대 도요타 코롤라에는 2개 부시의 원통 축이 앞뒤 방향으로 설치되어 있지만 8세대에서는 리어측의 부시(Rear Bush) 축을 상하 방향이 되도록 변경하여 좌우 방향의 강성을 낮게 함과 동시에 앞뒤 방향의 강성을 높이고 동시에 프런트 측 부시의 좌우 방향의 강성은 기존 그대로 유지하며, 앞뒤 방향의 강성은 높였다. 이렇게 하여 앞뒤 방향의 충격을 완화함과 동시에 좌우 방향의 컴플라이언스를 적당하게 유지하여 조종 안정성과 승차감의 균형이 높은 수준을 얻을 수 있었다고 한다.

이 리어 부시는 코롤라 6세대에서 7세대로 모델 변경시, 구조와 장착방법을 변경하여 조종 안정성의 개선이 이루어진 후 더욱 변경된 것으로 이 작은 부품의 사양을 최적화하기 위해 섀시 담당 엔지니어가 얼마나 고심하는지 알 수 있다.

4-8. 컴플라이언스 스티어 활용

**서스펜션의
기본성능⑧**

서스펜션은 러버 부시를 사이에 두고 바디에 장착되고 있기 때문에 고무의 컴플라이언스에 의해 주행 중에 지오메트리가 변화된다. 이 변화를 잘 활용하여 자동차의 조종 안정성을 높이는 것이 가능하다.

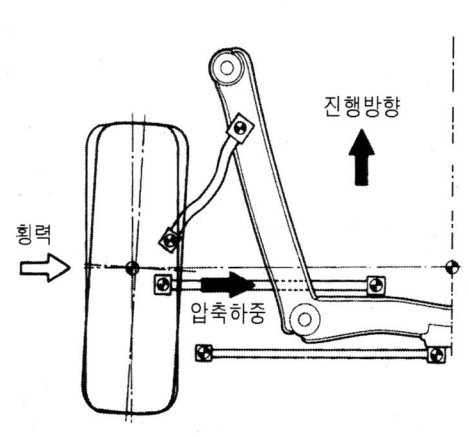

▲ Nissan Bluebird 리어 서스펜션 컴플라이언스 스티어

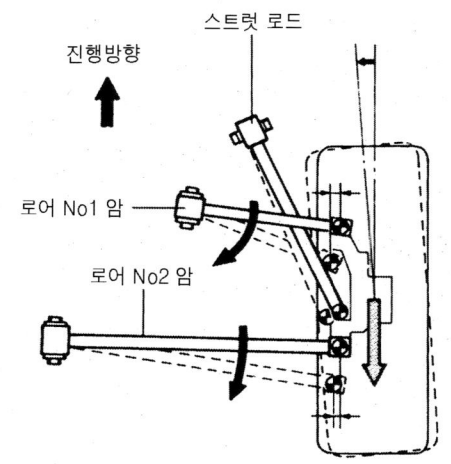

▲ Toyota Supra의 리어 서스펜션 컴플라이언스 스티어

바디와 서스펜션을 결합하는 부분에는 원칙으로서 러버 부시가 장착되어 있어 그 컴플라이언스에 의해 충격이 완화되나 이와 동시에 그 부분의 결합이 느슨해져 있다는 것을 의미한다.

예를 들어 프런트 타이어(Front Tire)에 몇 mm의 토인(Toe-in)으로 설계되어 있다고 해도 브레이크를 작동시키면 타이어의 접지면 뒤쪽으로 향하는 힘이 발생하자마자 러버 부시가 수축되어 Toe-in이 커지거나 반대로 타이어의 앞쪽이 벌어지게 되는 토 아웃(Toe-out)이 되는 경우가 발생할 수도 있기 때문이다.

이와 같이 러버 부시의 컴플라이언스에 의해 타이어의 진행 방향이 변화되는 현상은 흔히 컴플라이언스에 의한 원인이 되어 타이어를 조향한 것과 같은 결과가 되기 때문에 **컴플라이언스 스티어(Compliance Steer)**라 불리우며, 러버 부시를 사용하는 서스펜션에는 항상 나타나는 현상이다. 그래서 실제 서스펜션이 설계될 때에는 사전에 러버 부시의 컴플라이언스를 계산한 후 얼라인먼트가 결정되는 것이다.

이 컴플라이언스 스티어는 기본적으로 서스펜션의 강성을 약화시키는 것이 되어 조종 안정성이라는 관점에서 보면 바람직한 현상은 아니다. 그러나 이 현상을 적극적으로 이용하여 자동차의 조종 안정성을 좋게 하는 것도 생각할 수 있다.

예를 들어 Nissan의 블루버드(Eluebird) 리어(Rear)에 적용되고 있는 슈퍼 토 컨트롤 서스펜션(Super Toe Control Suspension)에 대해 알아보자. 이 서스펜션은 스트럿 타입으로 스트럿의 하단에는 좌우의 힘을 부담하는 길이는 다르지만 평행하게 배치된 2개의 링크와 앞뒤의 힘을 받아 지지하는 레이디어스 로드(Radius Rod) 3개의 링크가 설치되어 있다.

이 서스펜션의 특징은 링크가 타이어의 중심보다 뒤에 설치되어 있다는 점과 3개의 링크 양 끝에는 각각 특성이 다른 러버 부시가 부착되어 있다는 점이다. 그리고 링크의 배치와 부시의 컴플라이언스 균형을 최적화함에 따라 코너링 상태에서 타이어가 Toe-in 방향으로 향하도록 되어 있다.

예를 들어 운전자가 우회전하려고 스티어링 휠을 오른쪽으로 꺾었다고 가정하였을 때 보통의 서스펜션이라면 먼저 앞 타이어가 오른쪽으로 향하면서 슬립각(Slip Angle)이 생기고 코너링 포스가 발생되어 자동차는 오른쪽으로 향하기 시작한다. 즉, 자동차의 방향이 변환된 만큼 슬립각이 형성되기 때문에 코너링 포스가 발생되어 자동차는 오른쪽으로 선회한다.

이에 비해서 슈퍼 토 컨트롤 서스펜션에서는 링크가 타이어의 중심보다 뒤쪽에 설치되어 있고 부시의 고무가 적당히 변형되기 때문에 자동차가 오른쪽을 향해 움직이기 시작하여 타이어에 오른쪽 방향의 힘이 가해지면 2개의 링크 중 앞쪽 링크의 부시가 뒤쪽 링크의 부시보다 크게 수축되어 타이어가 오른쪽으로 향하는 움직임이 발생한다. 즉, 타이어에 횡력이 가해져 뒷바퀴와 앞바퀴가 같은 방향으로 향하는 것이다.

이 움직임에 의해 급격한 코너링과 차선의 변경시에도 뒷바퀴가 바깥쪽으로 흔들리는 일이 없고, 뒷바퀴가 언제나 앞바퀴를 따라 전진하는 것이다. 일반적인 주행 상태라면 타이어와 자동차의 차체가 항상 진행 방향으로 향하고 있기 때문에 안정된 주행이 가능함과 동시에 조향하였을 때의 안정성도 좋아 운전자가 변경하려는 차선으로 옮겨가기 쉽다.

또 하나 Toyota 수프라(Supra) 서스펜션(Suspension)을 예로 들어보자. Supra의 리어에는 더블 위시본 타입 서스펜션(Double Wishbone Suspension)이 적용되어 있는데 로어 암(Lower Arm)과 스트럿 로드(Strut Rod)의 배치를 연구하여 부시의 컴플라이언스를 적당한 것으로 하여 제동시 타이어에 뒤를 향하는 힘이 작용하면 타이어가 Toe-in 방향으로 향하도록 되어 있어 제동시의 안정성을 좋게 하는 것이 가능하다.

또한 코너링에 의해 횡력이 작용하면 타이어는 Toe-in 방향으로 향한다. 코너링 중에 Toe-in이 된다는 것은 위에서 설명한 Bluebird의 서스펜션과 같은 이유로 특히 고속주행 중 코너링에서는 자동차의 안정성을 좋게 하는 데에 도움이 된다.

4-9. 임팩트 하시니스와 조종 안정성

서스펜션의
기본성능⑨

노면의 이음매 등을 지날 때 '쿵!' 하고 느껴지는 불쾌한 진동인 하시니스(Harshness)는 타이어에서 완충하여 흡수되길 바라지만 대부분이 서스펜션으로 전달되며, 그 처리는 러버 부시에 의존하는 바가 크다.

고가 도로 등에서 노면의 이음매를 통과할 때마다 탁탁거리는 충격이 오는 경우가 있다. 이 충격을 **임팩트 하시니스(Impact Harshness)** 또는 단순히 **하시니스(Harshness)**라 부르며, 하이 그립(High Grip) 지향의 트레드 폭이 넓은 고성능 레디얼 타이어를 장착한 자동차에서는 특히 이 충격이 크다.

노면의 이음매에서 타이어로 들어온 힘은 트레드가 흡수하여 완화시킨다. 공기 주입식 타이어에는 노면의 돌기 부분을 감싸 충격을 흡수하는 기능이 있으며, 그것을 **엔벨로프(Envelope) 특성**이라 하는데 이전에 사용되었던 바이어스 구조의 타이어는 트레드가 부드러워 Harshness가 문제가 되는 경우는 전혀 없었다.

바이어스 타이어   레이디얼 타이어   필로우 볼   리어 부시

Envelope 좋음   Envelope 좋지 않음   Inner Ball   러버

▲ 트레드가 노면의 돌기를 감싸는 특성을 Envelope 특성이라 부른다. 레이디얼 타이어는 벨트가 있기 때문에 트레드의 강성이 높고 바이어스 타이어에 비해 Envelope 특성이 저하되기 때문에 노면으로부터의 전달되는 충격을 서스펜션으로 전달되기 쉽다.

▲ 경주용 자동차는 서스펜션 조인트의 컴플라이언스를 없애기 위해 금속만으로 만들어진 Spherical Bearing을 사용한 Pillow Ball이 사용되고 있다.

현재 대부분의 자동차에 장착되어 있는 레이디얼 타이어의 트레드에는 스틸 와이어(Steel Wire)를 고무로 휘감은 강성이 높은 벨트가 있어 Envelope가 저하된다. 벨트의 강성을 낮추면 Envelope는 좋아지지만 트레드의 고무를 지지하는 힘이 약해지기 때문에 타이어의 그립 성능이 저하된다.

레이디얼 타이어에서 그립 성능을 높이는 것과 임팩트 하시니스를 작게 하는 것은 양립(兩立)시키기 어려워 노면에서 발생되는 앞뒤방향의 충격은 타이어에서 흡수하지 못하고 서스펜션으로 전달되는 경우가 보통이다.

울퉁불퉁한 요철의 노면을 주행할 때 서스펜션은 타이어에서 발생되는 상하방향의 진동을 스프링과 쇽업소버로 흡수한다. 그러나 서스펜션에는 돌기 부분을 통과할 때나 노면의 이음매를 통과할 때 전방(前方)으로부터의 충격을 흡수할 수 있는 특별한 장치가 설치되어 있지 않기 때문에 오로지 고무의 부시에 의존하고 있다.

고무에 힘을 가하면 금속의 몇 배에서 몇 천배로 크게 변형되며, 상하, 앞뒤, 좌우뿐만 아니라 이것이 합성된 움직임과 비틀림 등의 복잡한 움직임이 발생하기 때문에 부시는 서스펜션과 바디를 무리 없이 연결하는데 안성맞춤이다. 충분히 부드러운 부시를 사용할 경우에는 Harshness가 문제시되지 않는 수준의 서스펜션이 되도록 하는 것은 이론상 가능하다. 그러나 고무는 움직임이 크기 때문에 자동차의 조종 안정성이 나빠진다는 것은 앞에서 설명한 바와 같다.

부시가 너무 유연하면 타이어의 앞뒤방향에 힘이 가해지는 경우 Toe의 변화가 발생된다. 이 때 Toe-in이 되거나 Toe-out이 되는 것은 링크와 컨트롤 암의 배치에 의존하고 있어 그 변화량은 앞뒤에 장착되어 있는 부시의 컴플라이언스 차이에 따라 결정된다.

보통 Toe의 변화가 큰 서스펜션은 타이어가 노면의 돌기 위를 통과할 때마다 타이어의 방향이 바뀌기 때문에 자동차의 진로가 흐트러지며, 브레이크를 작동시켰을 때 좌우 타이어의 제동력이 조금이라도 차이가 나면 스티어링 휠을 놓칠 수도 있기 때문에 운전자는 매우 안정성이 떨어지는 자동차라고 느끼게 된다.

Toe 변화를 작게 하기 위해서는 부시의 컴플라이언스를 작게 하는 것이 좋긴 하지만, 서스펜션의 강성이 높아지므로 앞뒤방향의 진동을 흡수하지 못한다.

실제의 서스펜션에서는 이러한 부시의 컴플라이언스와 충격 흡수성의 균형을 여러 가지 조건에 비추어 검토한다. 예를 들면 컴플라이언스 스티어를 잘 이용하여 승차감을 확보한 다음 원래의 불안한 조종 안정성을 반대로 향상시키는 연구도 이루어지고 있다.

자동차의 튜업으로 조향의 응답성을 향상시키기 위해 부시 등을 견고한 것으로 교환하는 경우가 많다.

부시가 설치된 스포츠 주행용 자동차에 탑승하여 주행 시험을 해보면 부시의 교환만으로 이렇게 조종성이 변하는가에 놀라는데 승차감이 나쁜 것은 참을 수 있다고 해도 Impact Harshness의 크기도 엄청나기 때문에 서스펜션이 손상되지 않을까 걱정이 될 정도이다.

경주용 자동차는 조종성을 더욱 향상시키기 위해 승용차에 러버 부시가 사용되는 서스펜션 암 등의 조인트 부분과 조향 계통의 링키지(Linkage)까지 필로우 볼(Pillow Ball)이 사용된다.

Pillow Ball은 중앙에 축을 통과시키기 위한 구멍을 가진 Inner Ball을 이것보다 큰 원형의 고리에 끼워 넣어 부드럽게 움직이도록 한 것이다. 승차감을 무시하고 조종성을 중요시한 서스펜션으로 하기 위해서는 컴플라이언스가 무용지물이라는 것은 두말할 것도 없다.

4-10. 서스펜션의 구성부품

서스펜션은 스프링과 쇽업소버를 중심으로 이것을 지지하는 컨트롤 암(Control Arm), 링크(Link), 로드(Rod)를 연결하는 볼 조인트와 부시 등이 주요 구성부품이다.

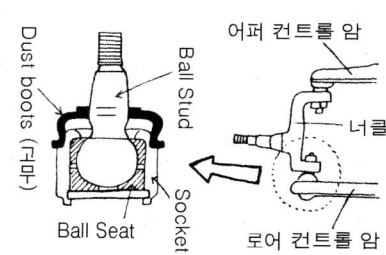

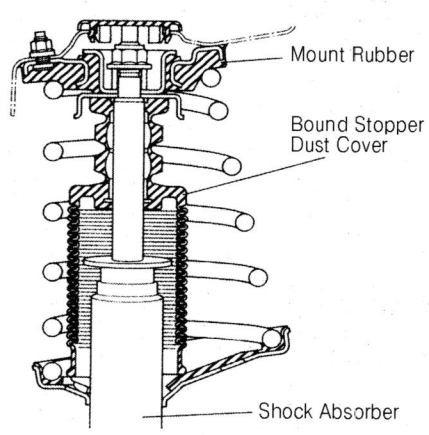

▲ 볼 조인트의 예 : 볼 조인트는 암이나 링크 등의 끝 부분에 결합되면서 움직이는 곳에 사용되며, 너클의 상하에 사용되는 경우에는 너클 조인트라 불린다.

▲ 서스펜션 마운트 러버의 예 : 스트럿식 서스펜션에서 스트럿의 상단을 바디에 설치할 때 사용되는 부품. Strut Mount 또는 Upper Support 라고도 불린다.

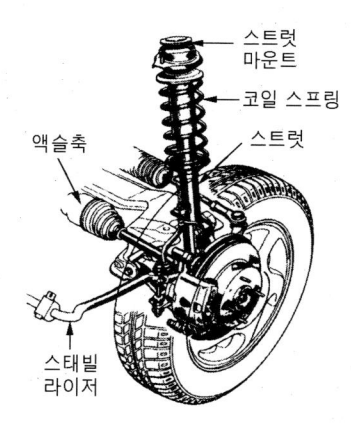

스트럿 타입

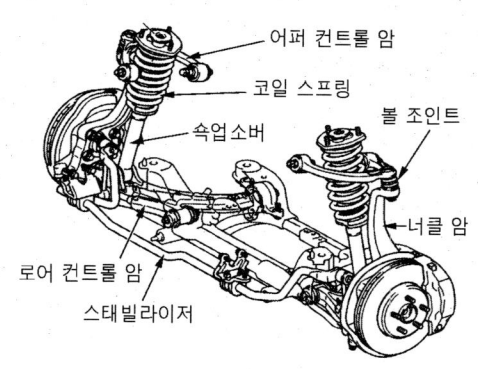

더블 위시본 타입

서스펜션에서는 타이어에 작용하는 상하방향의 힘은 스프링으로, 전후・좌우방향의 힘은 암과 링크로 완화시키며, 상하방향의 강성은 스프링의 스프링 정수에 의해, 전후・좌우방향의 강성은 러버 부시의 강성에 의해 정해진다는 것을 알아보았다. 타이어를 서스펜션의 주연이라고 하면 스프링, 쇽업소버, 러버 부시는 중요한 조연이나 그 외에도 눈에 띄지 않는 조연 역할을 몇 가지 더 하고 있다. 이외에 서스펜션을 구성하는 부품에 대해 정리해보자.

(1) 컨트롤 암(Control Arm)

스트럿식 타입의 서스펜션과 더블 위시본 타입의 서스펜션에서 사용되는 A자형과 L자형 부품으로 강판을 프레스 성형하여 만들어진 것이 많으나 강판과 강관을 용접하여 만드는 경우도 있다.

가장 많이 사용되고 있는 것이 A형 컨트롤 암이라 불리는 거의 삼각형과 같은 형상의 컨트롤 암으로 바디 측 2점, 액슬 차축 측 1점으로 피벗(Pivot)을 설치한 형태이다. 더블 위시본식에서 상하로 2개의 컨트롤 암을 배치하는 경우 위의 컨트롤 암을 **어퍼 컨트롤 암**(Upper Control Arm), 아래의 컨트롤 암을 **로어 컨트롤 암**(Lower Control Arm)이라 부른다.

(2) 링크 / 로드(Link / Rod)

링크는 부품을 연결하여 힘을 전달하는 것이고, 로드는 봉을 의미한다. 서스펜션에서는 양단에 부시와 볼 조인트를 갖춘 중실(中實)과 환봉과 강관이 많으나 강판을 프레스 성형하여 만든 것도 있어 한쪽 끝이 다른 부재에 용접되어 있어도 그 형태에 의해 링크라 불리는 경우도 있다.

이 두개의 용어는 확실히 구분하여 사용하는 기준이 없어 연결한다는 의미가 강할 때에는 링크, 힘을 전달하는 봉으로 보는 경우에는 로드라 부르는 경우가 많다. 컨트롤 암의 경우와 같이 서스펜션 위쪽에 사용되고 있을 때에는 **어퍼 링크**(Upper Link), 아래쪽에 있는 것은 **로어 링크**(Lower Link)라고 부른다.

(3) 볼 조인트(Ball Joint)

프런트 서스펜션의 앞에 있는 너클 암(Knuckle Arm)의 상하 양단에 설치되어 있는 조인트이다. 타이어의 방향을 자유롭게 변경하거나 상하로 움직일 수 있도록 **볼 스터드(Ball Stud)**라 불리는 합금강 종류의 구형태(球狀)의 부품을 **소켓(Socket)**이라는 커버로 감싼 모양으로 되어 있다. 볼 스터드와 소켓 사이에는 미끄러지기 쉽고, 내구성이 있는 표면 경화강과 소결합금, 나일론, 폴리우레탄 등으로 만들어진 **볼 시트(Ball Seat)**가 삽입되어 있다.

(4) 서스펜션 마운트 러버(Suspension Mount Rubber)

쇽업소버와 코일 스프링을 바디에 설치하는 부분에 사용되며, 타이어로부터의 진동과 충격을 흡수하는 부품이다. 스트럿 타입 서스펜션의 스트럿 상단에 많이 사용되고 있기 때문에 **스트럿 마운트(Strut Mount)**라고도 불리고 있다. 부시와 같이 바디에 설치하는 부품과 쇽업소버 및 코일스프링을 설치하기 위한 부품 사이에 고무를 끼워 둔 구조로 되어 있으며, 고무의 강성은 조종 안정성과 진동 승차감의 균형이 잡혀있는 것으로 되어 있다.

(5) 범프 스토퍼(Bump Stopper)

스프링이 완전히 수축되었을 때 서스펜션이 직접 바디에 접촉되지 않도록 쇽업소버의 로드와 서스펜션 암 등에 설치되어 있는 부품이다. 발포 우레탄과 고무로 만들어져 있으며, 서스펜션 스트로크(Stroke)를 풀(Full)로 사용하는 경주용 자동차에서는 스프링이 완전히 수축되었을 때 스프링으로서의 기능이 이루어지도록 하는 경우도 있다.

(6) 서브프레임(Subframe)

서스펜션을 직접 바디에 설치하지 않고 별도의 프레임에 조립하여 이것을 바디에 결합시키는 방식을 서브프레임 방식이라고 한다. 컨트롤 암과 링크 등을 바디에 직접 설치한 경우 바디의 강성이 서스펜션의 강성에 영향을 주지만, 서브프레임을 사이에 두는 것에 의해 이를 방지함과 동시에 진동을 차단하는 효과도 얻을 수 있다.

서브프레임을 설치함으로써 중량이 증가되고 비용도 소요되기 때문에 주로 고급 승용자동차와 스포티한 자동차에 적용되고 있으나 바디의 강성이 낮은 소형자동차에서는 조종 안정성을 향상시키려는 목적으로 사용되는 경우도 있다. **서스펜션 멤버(Suspension Member)**라고도 불리고 있다.

4-11. 자동차 자세의 컨트롤

서스펜션의
기본성능⑪

자동차는 가속하면 뒤쪽의 차고(車高)가 낮아지고 코너링하면 롤(Roll)하며, 브레이크를 작동시키면 노우즈(앞쪽의 차고)가 내려간다. 이러한 주행 중의 자세변화는 스프링의 스프링 정수와 지오메트리를 적정하게 하는 것으로 어느 정도 작게 하는 것이 가능하다.

서스펜션의 중요한 기능 중 하나는 타이어의 위치를 바르게 유지하는 것이다. 즉, 타이어를 언제나 노면에 똑바로 세워 접지면을 가능한 한 넓게 하고 큰 그립을 얻을 수 있도록 컨트롤하는 것이다.

액셀러레이터 페달이나 브레이크 페달을 밟거나 스티어링 휠을 조작을 하면 관성력에 의해 하중의 이동이 발생된다. 서스펜션은 이 하중의 이동으로 인한 분담하중의 크기가 변화됨에 따라 상하로 작동하기 때문에 자동차는 이와 같은 방향에 따라 앞뒤·좌우로 복잡한 움직임을 하게 된다.

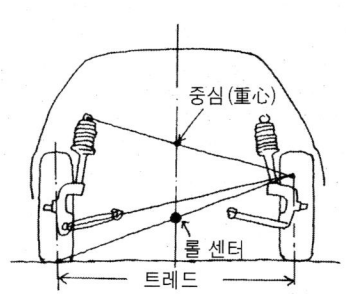

▲ 롤 강성을 높이기 위해서는 자동차의 기본적인 사양으로 트레드를 넓게 하여 롤 센터를 높게 한다는 것이 이론(Theory)이다. 이들 사양이 정해져 있다면 중심위치를 최대한 낮게 하고 스프링을 강한 것으로 바꾼다.

▲ 자동차가 발진할 때 트렁크 쪽이 내려가는 것을 Squirt, 브레이크를 작동시켰을 때 앞 쪽이 내려앉는 타입을 Dive라고 한다. 이와 같은 현상은 서스펜션의 지오메트리를 연구하는 것에 의해 작게 할 수 있어 각각 Anti-Squirt, Anti-dive 라 불린다.

타이어의 움직임을 올바르게 컨트롤하기 위해서는 하중의 이동과 서스펜션의 스트로크에 의해 자동차의 자세와 타이어가 노면에 접지되는 자세가 어떻게 되는지를 알아둘 필요가 있다. 자동차의 자세변화는 바디의 좌우방향에 대한 기울기(Rolling), 앞 노우즈(Nose)의 상하운동(Pitching), 노우즈의 좌우방향에 대한 움직임(Yawing)으로 나누어 생각하면 알기 쉽다.

예를 들면, 액셀러레이터 페달을 되돌려 놓은 상태에서 오른쪽 방향으로 코너링 할 때 자동차가 조금 앞으로 치우쳐 왼쪽으로 기울면서 오른쪽으로 선회하게 된다. 이 움직임을 원심력에 의한 왼쪽 방향으로의 롤링, 앞 타이어의 코너링 저항에 의한 하향 피칭(Nose Down), 코너링 포스에 의한 오른쪽 방향으로의 요잉(Yawing) 등 3가지가 동시에 발생된다고 생각하는 것이다.

롤링은 자동차가 선회하여 중심(重心)에 원심력이 작용했을 때 바깥쪽으로 기우는 움직임으로 잘 기울어지지 않는 정도를 롤 강성(Roll Stiffness)이라 하며, 차체를 1° 기울이는 데에 필요한 힘(모멘트 : Moment)으로 나타낸다.

자동차의 롤(Roll)이 크면 타이어의 기울기가 커져 접지 면적이 작아지고, 그립 성능이 저하될 뿐만 아니라 운전에 불안함이 느껴지기 때문에 일반적으로 롤 강성은 큰 것이 바람직하다.

롤 강성을 크게 하는 방법으로는 자동차의 기본적인 사양으로 암과 링크의 배치를 연구하여 롤 운동의 중심(中心)인 **롤 센터(Roll Center)**를 높게 하는 것과 **트레드(Tread : 좌우 차륜간 거리)**를 넓게 하는 방법이 있다. 이들 사양이 정해져 있는 경우에는 원심력이 작용하는 중심(重心)의 위치를 가능한 한 낮게 하여 스프링과 타이어의 스프링 정수를 높게 하는 것으로 롤 강성을 크게 할 수 있다.

중심(重心)을 낮게 하는 것은 롤링(Rolling)뿐만 아니라 피칭(Pitching)을 작게 하는 효과도 있어 자동차를 안정적으로 주행하게 할 수 있기 때문에 승용차에서는 최저 지상고(Road Clearance)가 허용되는 한 바디를 낮게 하여 엔진 등의 장착 위치도 최대한 낮추도록 하고 있다.

스프링과 타이어의 스프링 정수를 크게 하는 것은 롤을 작게 하는데 가장 많이 행해지는 방법이나 롤을 작게 하려고 스프링과 스태빌라이저(Stabilizer)를 강하게 하면 타이어의 접지성이 나빠져 울퉁불퉁한 요철의 노면에서는 조종 안정성이 나빠지는 경우가 있다.

또한 롤의 크기는 스프링과 스타빌라이저의 강성에 따라 정해지는데 롤의 속도는 쇽업소버의 특성에 의해 정해진다. 스프링 정수는 롤 강성뿐만 아니라 자동차의 조종안정성과 승차감의 균형을 생각한 후에 결정된다. 다만, 롤 강성이 너무 높아 롤 각이 작으면 타이어가 그립 한계에 다다랐는지 알기가 어려워 자동차의 컨트롤 또한 힘들어진다. 피칭도 롤링과 같이 작은 것이 이상적이다.

롤링이 자동차의 가로방향 기울기를 나타내는데 비하여 피칭은 앞뒤방향의 기울기를 나타내는 것이기 때문에 자동차의 기본적인 사양이 정해져 있다면 그 크기는 롤링의 경우와 같이 원심력이 작용하는 중심의 위치를 가능한 한 낮게 하고 스프링과 타이어의 스프링 정수를 높게 하는 것에 의해 작게 할 수 있다.

또한 롤 강성의 경우와 같이 자동차의 휠 베이스(Wheelbase : 앞뒤 바퀴의 중심간 거리)를 길게 하여 컨트롤 암과 링크를 적정하게 배치하고 피칭의 양을 작게 하는 것도 가능하다.

자동차가 발진할 때 뒤가 내려가는 것을 **스쿼트(Squirt)**, 브레이크를 작동시켰을 때 노우즈가 내려가는 현상을 **다이브(Dive)**라고 하는데 서스펜션 지오메트리에 의해 이와 같은 움직임을 작게 했을 경우를 각각 **Anti-squirt Geometry, Anti-dive Geometry**라고 하며, 현재 많은 자동차가 이렇게 세팅되어 있다.

5-1. 서스펜션의 형식

여러 가지 서스펜션①

자동차의 긴 역사 속에서 여러 가지 형식(形式)의 서스펜션이 실용화되고 개량되어 왔다. 그 중에서 승용차의 서스펜션은 현재 스트럿 타입(Strut Type) 형식과 멀티링크 타입(Multi-link Type) 형식이 대표적이라고 할 수 있다.

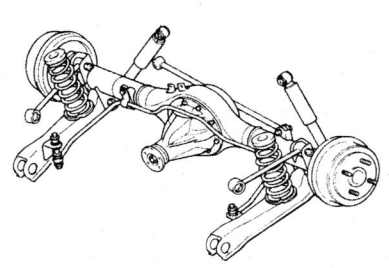

▲ Rigid Axle Suspension : 이 타입은 승용차에서는 볼 수 없게 되었다.

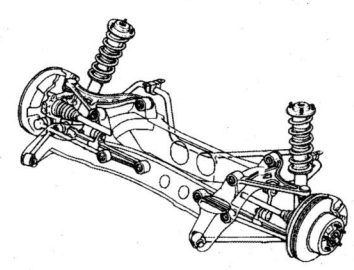

▲ Double Wish Bone Suspension : Upper Arm은 위시본 형태를 따르고 있으나, Lower Arm은 2개의 암으로 구성되어 있다.

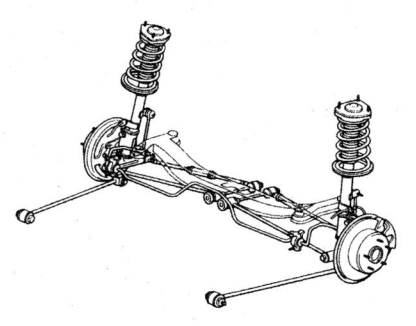

▲ Strut Suspension : 2개의 긴 암에 의해 얼라인먼트 변화를 억제한다.

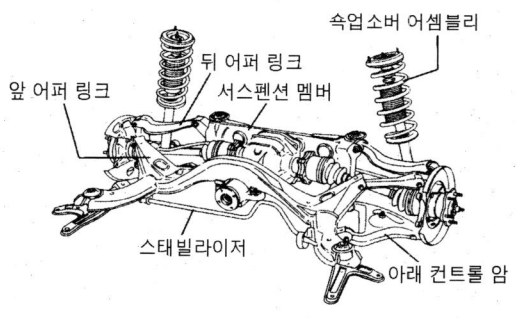

앞 어퍼 링크
뒤 어퍼 링크
쇽업소버 어셈블리
서스펜션 멤버
스태빌라이저
아래 컨트롤 암

▲ Multi-link Suspension : Semi-trailing Arm 형식과 비슷한 링크가 배치되어 있어 스트로크를 크게 하여 승차감을 좋게 하고 있다.

서스펜션의 기본적인 형식에는 **리지드 액슬 서스펜션(Rigid Axle Suspension)**과 **인디펜던트 서스펜션(Independent Suspension)**이 있다. 리지드 액슬 서스펜션은 좌우의 바퀴가 1개의 차축(Axle)으로 연결되어 있는 마차(馬車)에서 계승된 형식으로 **차축식 현가장치**라고도 불린다. 그리고 좌우의 바퀴가 독립적으로 스트로크(Stroke) 할 수 있도록 되어 자동차가 가장 빠르게 주행할 수 있도록 개량된 서스펜션이 **독립 현가장치** 즉, 인디펜던트 서스펜션이다.

　좌우 바퀴가 강성이 높은 차축으로 연결되어 있는 리지드 액슬 서스펜션은 구조가 간단하고 가격도 저렴하며, 얼라인먼트(Alignment)의 변화가 적어 타이어의 마모 또한 적다는 장점이 있어 트럭과 버스 등의 상용차에는 현재도 사용되고 있다.

　리지드 액슬의 단점 중 하나로 스프링 아래 중량(Spring Down Weight) 무겁고 승차감이 나쁘다는 것을 들 수 있지만 대형차의 경우 차량 자체의 중량이 무겁기 때문에 스프링 아래 중량은 승용차만큼 문제가 되지 않을뿐더러 버스는 에어 서스펜션으로, 대형 트럭은 시트의 개량으로 승차감의 개선을 도모하고 있다. 초기의 리지드 액슬 서스펜션을 적용한 승용차에서 특히 곤란했던 문제는 핸들링이 좋지 않다는 것이었다.

　앞바퀴가 차축으로 연결되어 있기 때문에 편평한 도로를 주행할 경우에는 괜찮았지만 한쪽의 타이어가 노면의 굴곡과 돌기를 통과하거나 홈에 빠지는 등 스트로크가 발생하여 자세가 변화되면 반대쪽에 연결되어 있는 타이어의 자세도 변화되어 접지상태가 바뀐다. 이 때문에 심하게 울퉁불퉁한 도로에서 주행속도를 빠르게 하면 자동차는 운전자가 생각하지도 못한 엉뚱한 방향으로 향하게 된다.

　이 핸들링의 문제의 해결과 스프링 아래 중량의 경감을 동시에 달성하기 위해 좌우 타이어가 독립적으로 움직이는 인디펜던트 서스펜션이 수 없이 고안되었으나 가장 많이 보급된 것은 **더블 위시본 서스펜션(Double Wishbone Suspension)**이었다.

이 방식을 최초로 양산 자동차에 적용한 것은 1934년의 캐딜락(Cadillac)으로 니액션(Knee Action)이라고도 불리던 이 서스펜션은 타이어가 빨리 마모된다는 문제점이 있었으나 좋은 평가를 받으며 여러 나라의 승용자동차에 경쟁적으로 적용되었다. 이 서스펜션은 상하로 배치된 삼각형의 암과 1개의 링크로 구성되어 있으며, 후에 개량되어 앞바퀴뿐만 아니라 뒷바퀴에도 사용되게 되었다. 현재에도 중형 이상의 승용차에 적용되고 있다.

리지드 액슬 서스펜션은 좌우 타이어가 1개의 차축에 연결되어 있다는 것이 특징인데 인디펜던트 서스펜션은 스태빌라이저(Stabilizer)를 이용하여 느슨하게 연결하는 것에 의해 조종 안정성이 좋아지는 것으로 알 수 있듯이 특징을 살려 잘 사용하면 심플하고 효율이 좋은 서스펜션이다. 이 때문에 조향이 되지 않는 FR 자동차의 리어 서스펜션에 길이가 긴 리지드 액슬이 사용되어 왔다.

그러나 FR 자동차의 리어 서스펜션도 보다 고성능을 추구하여 세미 트레일링 암 타입 등의 인디펜던트 서스펜션 대신 현재는 프런트와 같은 타입의 인디펜던트 서스펜션이 많이 적용되게 되었다. 그러나 FF 자동차의 리어에는 리지드 액슬을 인디펜던트 방식으로 개량한 서스펜션을 적용한 자동차도 있다.

프런트 서스펜션은 그 후 미국의 맥퍼슨(MacPherson)이 발명하여 1951년에 미국 포드(Ford)에서 양산차로서 처음 적용되었던 **스트럿 타입**이 소형 승용차에서는 주류를 이루게 되었다. 이 서스펜션은 스프링과 쇽업소버를 일체화한 스트럿(支柱)의 상단을 바디에 장착하고, 하단은 액슬을 설치한 삼각형의 암이 2점으로 바디에 지지되어 있다.

간단한 구성으로 스프링 아래 중량은 더욱 가벼워져 서스펜션의 공간도 적게 차지하기 때문에 많은 자동차가 적용했다. 이 타입은 프런트뿐만 아니라 리어에도 사용되고 있다.

자동차의 고성능화에는 엔진의 동력성능 향상과 동시에 그 동력을 효과적으로 활용할 수 있는 타이어와 이것을 바르게 접지시키는 서스펜션이 필요하다. 현재의 고성능 자동차 중에는 더블 위시본식과 스트럿식의 장점을 잘 혼합하여 많은 암과 링크를 복잡하게 배치한 **멀티 링크(Multi-link) 타입**을 앞뒤에 적용하는 자동차가 많아졌다.

5-2. FR 자동차의 서스펜션

일반적으로 FR 자동차라고 하면 고급 세단과 스포츠 타입 자동차만 떠올리게 된다. 뒤 차축에 세미 트레일링 암(Semi-trailing Arm) 형식이 적용된 시기도 있었으나 현재는 더블 위시본(Double Wishbone) 타입이 대부분이며, 멀티링크(Multi-link) 형식도 있다.

여러 가지 서스펜션②

현재 자동차에 적용되어 있는 서스펜션은 더블 위시본, 스트럿, 멀티 링크 등 3가지 형식이 대부분을 차지하며, 이 외에 FF 자동차의 뒤 차축에 토션 빔(Torsion Beam) 타입 등 몇 가지 서스펜션이 사용되고 있을 뿐이다. 그리고 실제 어떠한 서스펜션이 적용되는가는 첫째, 타이어의 조향 여부 즉, 앞 차축 서스펜션인가 뒤 차축 서스펜션인가, 둘째, 타이어가 구동되는지 안되는지의 2가지 조건에 따라 거의 결정되고 있다.

먼저, 자동차의 앞에 엔진을 장착하고 뒤의 타이어를 구동하는 FR 자동차에 어떠한 서스펜션이 사용되고 있는지를 살펴보자.

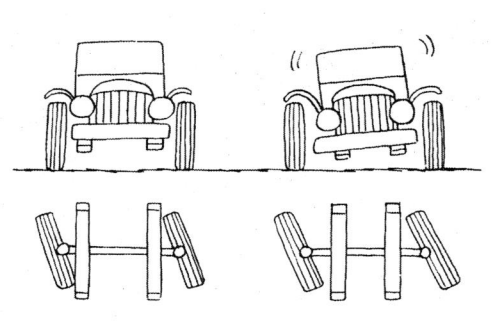

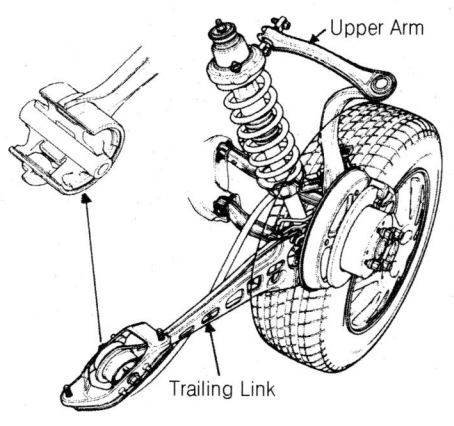

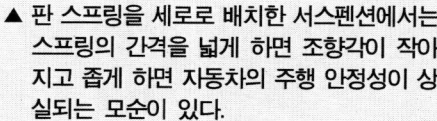

▲ 판 스프링을 세로로 배치한 서스펜션에서는 스프링의 간격을 넓게 하면 조향각이 작아지고 좁게 하면 자동차의 주행 안정성이 상실되는 모순이 있다.

▲ 트레일링 암의 부시를 액체 봉입식으로 하여 Harshness와 Road Noise를 흡수하고 있다.

(1) 프런트 서스펜션(Front Suspension)

자동차의 레이아웃으로 FR타입을 적용한 것은 1891년 파나르 에 루바솔 자동차가 최초라고 하나 그 프런트 서스펜션은 세로 배치타입의 **판 스프링(Leaf Spring)**에 리지드 액슬을 설치한 것이었다.

이 서스펜션 타입에서 가장 문제시 되는 것은 판 스프링의 설치 위치이다. 세로로 배치되어 있는 판 스프링은 바디의 롤링을 작게 하고 안정성을 향상시키기 위해 가능한 한 바퀴에 가까운 바깥쪽에 배치하는 것이 이상적이다. 그러나 앞바퀴를 좌우로 조향하기 위한 공간이 필요하기 때문에 스프링은 안쪽으로 치우치도록 배치해야 한다는 제약이 있다.

인디펜던트 서스펜션(Independent Suspension)이 개발된 것은 이 난점을 해결하여 바디를 가능한 한 넓은 공간에서 지지하는 것이 가능하도록 할 필요가 있기 때문이며, 후에 **코일 스프링(Coil Spring)**이 발명된 것도 이 조향을 위한 공간을 확보하는 것이 주요 목적이었다.

인디펜던트 서스펜션은 판 스프링을 옆으로 배치하는 것을 시작으로 여러 가지가 개발되었으나 가장 보편화된 서스펜션은 스트럿과 더블 위시본이다.

다만 FR 자동차라고 하면 일본에서는 도요타 마크Ⅱ(Mark Ⅱ), 닛산 로렐(Laurel) 클래스 이상의 고급 세단과 스포츠카 정도만을 떠올리게 되는 현재는 **더블 위시본(Double Wishbone)** 타입이 주류로, 스트럿 타입의 서스펜션을 적용하는 FR타입의 자동차는 없으며, 아울러 고성능화를 도모하여 닛산 스카이라인 GT(Skyline GT) 등과 같이 **멀티링크(Multi-link)** 형식을 적용하고 있는 자동차도 있다.

(2) 리어 서스펜션(Rear Suspension)

FR 자동차의 뒷바퀴는 앞바퀴와 같이 조향되지는 않지만 서스펜션에 타이어를 장착하여 구동하기 위한 액슬(Axle, 驅動軸)을 설치하여야 한다. 여기에는 중앙에 종감속 장치를 갖추고 액슬 하우징(車軸管)으로 하중을 지지하는 **리지드 액슬(Rigid Axle)** 방식이 가장 합리적이라고 여겨져 오랫동안 사용되어 왔다.

리지드 액슬 서스펜션은 좌우 바퀴가 하나의 차축으로 연결되어 있기 때문에 강성이 높고 캠버 변화가 작다는 장점을 가지고 있으나 종감속 장치가 장착되어 있어 **스프링 아래 중량**이 무겁다는 문제를 안고 있다. 자동차의 고성능화면에서 종감속 장치는 바디에 설치되어 스프링 아래 중량을 가볍게 하는 것이 바람직하며 그것을 위해서 독립현가화가 어떻게든 필요했다.

몇 가지의 서스펜션이 연구되었으나 결과적으로 **세미 트레일링 암 타입(Semi-trailing Arm Type)**이 남겨져 1980년경까지 개량되었던 리지드 액슬과 함께 이 서스펜션이 주류를 이루었다. 어떤 자동차라도 그렇겠지만 특히 FR 자동차의 리어 서스펜션에서 포인트가 되는 것은 구동력이 가해졌을 때 타이어의 자세변화가 어떻게 처리되고 있는가 하는 것이다.

서스펜션은 고무 부시(Rubber Bush)를 사이에 두고 바디에 설치되어 있기 때문에 타이어의 접지면에 구동력이 가해지면 고무가 변형되어 타이어 방향이 바뀐다. 고무의 변형은 적지만 암과 로드가 설치되어 있는 접합부분의 움직임은 작아도 앞 쪽에 장착되어 있는 타이어는 상당히 크게 움직이는 것이다.

이 움직임에 따라 타이어의 방향이 변하는 것을 **컴플라이언스 스티어(Compliance Steer)**라 부르고 있다. 오늘날에는 이 컴플라이언스 스티어를 잘 이용하여 자동차의 운동성능을 높이려는 노력을 하고 있어 더블 위시본과 멀티 링크 타입은 타이어의 움직임을 컨트롤할 수 있는 구조를 하고 있다.

5-3. FF 자동차의 서스펜션

여러 가지 서스펜션③ FF 자동차의 프런트 서스펜션에는 구동계통을 포함한 엔진을 장착할 수 있는 공간을 확보하기 쉬운 스트럿 타입이 많이 적용되어 메이커는 리어 서스펜션의 튜닝에 의해 특징을 내고 있다.

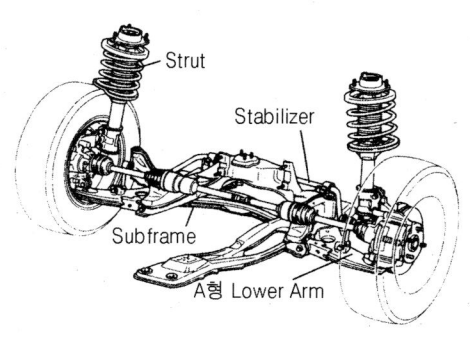

▲ Mazda 패밀리아(Familia)의 Strut Front Suspension : 강판을 프레스 성형한 A형 로어 암이 서브프레임에 마운트 되어 있어, 이 서브프레임에 추가로 스태빌라이저가 설치되어 있다.

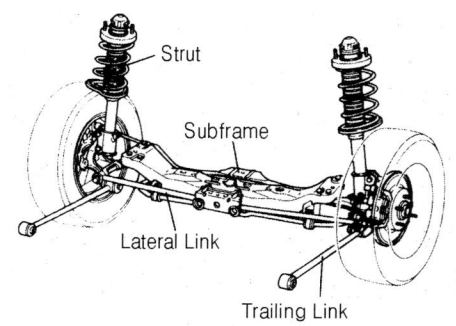

▲ Familia의 Strut Rear Suspension : 길이가 서로 다른 2개의 래터럴 링크(Lateral Link)로 얼라인먼트의 변화를 억제하고 있으며, 앞뒤의 힘은 트레일링 링크(Trailing Link)로 지지한다.

    프런트에 엔진을 장착하고 앞바퀴를 구동하는 FF 자동차는 중·소형 승용차의 대부분에 적용되어 있는데 이들 자동차에는 어떠한 타입의 서스펜션이 사용되고 있을까.

(1) 프런트 서스펜션(Front Suspension)

    FF 자동차의 약점 중 하나는 앞바퀴가 빨리 마모된다는 것이다. 레이디얼 타이어(Radial Tire)로 바뀌어 수명은 늘어났으나 앞 타이어의 수명은 뒤 타이어의 1/2~1/3이 일반적이며, FR 자동차의 경우 앞 타이어는 바깥쪽이, 뒤 타이어는 정중앙이 빨리 마모되는 경향이 있지만 적당히 장착위치를 바꾸어 주면(Tire Rotation) 4개의 타이어 수명을 동시에 연장할 수 있다는 것과 대조적이다.

    마모가 빠른 것은 타이어가 그만큼 많이 활용되고 있다는 뜻으로 FF 자동차의 프런트 서스펜션은 구동을 하면서 조향도 한다. 또한 가해지는 제동력도 뒤 타이어에 비해 크기 때문에 앞 타이어에 가해지는 부담이 크며, 프런트 서스펜션에는 조향을 위한 스티어링 계통과 구동을 위한 드라이브 샤프트가 설치되어 있기 때문에 스프링 아래 중량은 무거워질 수밖에 없다.

양산되었던 FF 자동차의 원조로 알려진 미니(Mini)가 독특한 고무 스프링을 이용한 서스펜션을 적용하고 있는 것을 보아도 알 수 있듯이 FF 자동차의 프런트 서스펜션을 어떻게 만드는가는 설계자에게 중요한 과제이다.

여러 가지 시행착오 결과 오늘날은 구조가 간단하고 서스펜션이 스트럿 상단과 로어 암이 상하로 떨어진 점에서 바디에 설치되어 있어 힘이 가해지는 점이 분산되어 캠버와 캐스터가 변화되기 어려운 **스트럿 타입(Strut Type)**이 오로지 사용되게 되었다.

또한, FF 자동차는 급선회 하였을 때 앞 내측의 타이어가 부상(浮上)하여 공회전하기 쉬운 경향이 있기 때문에 하중의 이동이 가능한 한 작게 되도록 서스펜션의 레이아웃이 연구되고 있다.

더욱이 드라이브 샤프트의 길이와 설치 각도가 다른 점 등 좌우에 차이가 있으면 타이어의 구동력에 차이가 생기기 때문에 스티어링을 빼앗기는(**토크 스티어**) 현상이 발생되는 경우 등도 있어 얼라인먼트 변화를 최적으로 하고 더욱 고성능화를 도모하기 위해 **더블 위시본 타입**과 **멀티 링크 타입**을 적용하고 있는 자동차도 있다.

(2) 리어 서스펜션(Rear Suspension)

　FF 자동차의 뒷바퀴는 조향되지도 않고 구동되는 것도 아니기 때문에 뒤 차축의 서스펜션은
적당히 뒷바퀴를 지지하기만 하면 될 것이라고 생각한다. 그러나 이것은 보통 어려운 일이 아
니다. 그 증거로 다른 구동방식에는 주류를 이루는 서스펜션이 있지만 FF 자동차의 리어에는
그것이 없다. 각 메이커의 각 차종에 따라 여러 가지 타입이 개발되어 그 자동차에 매칭
(Matching)한 고성능으로 공간효율이 좋고, 코스트도 낮은 서스펜션이 적용되고 있다.

　타이어의 성능은 주로 하중에 크게 좌우된다. 예를 들면 코너링 포스(Cornering Force)도
동일한 슬립 각이라면 하중이 클수록 크다. 또한, 타이어에 구동력과 제동력이 작용하면 코너
링 포스는 작아지는 경향이 있다.

　FF 자동차는 엔진과 구동계가 집중되어 있는 앞쪽이 무겁고 뒤쪽은 가볍다. 앞·뒤 바퀴의
하중 차이가 크기 때문에 자동차가 구불구불한 도로를 주행하거나 커브를 선회하면서 타이어
에 가해지는 하중과 슬립각이 변하거나 가감속이 될 때 앞바퀴와 뒷바퀴에 각각 발생하는 코너
링 포스의 균형이 무너지기 쉽기 때문이다.

　이와 같이 사용조건이 크게 다름에도 불구하고 타이어는 앞·뒤 동일한 사이즈이며, 사양도
크게 다르지 않다. 경하중에서 고하중(Full Load)에 이르기까지 필요에 따라 특성을 발휘할 수
있는 타이어를 서스펜션과의 매칭을 살펴가며 개발하는 것도 메이커의 중요한 일 중 하나이다.

　또한, 무거운 앞부분에서 큰 충격이 들어오거나, 가벼운 리어가 살짝살짝 움직이면 승차감도
좋지는 않다. 암과 로드의 레이아웃과 Rubber Bush의 특성을 검토하여 이러한 문제가 없도록
각 메이커가 프런트와 균형이 잡힌 리어 서스펜션으로 하기 위한 연구를 한 결과 현재 주류를
이루고 있는 것은 **스트럿 타입**과 리지드 액슬을 개량한 **토션 빔 타입 서스펜션**(Torsion Beam
Type Suspension)이다.

5-4. 더블 위시본 타입 서스펜션

더블 위시본 타입은 어퍼 암(Upper Arm)이 낮은 위치에 있는 로우 마운트 타입(Low Mount Type)이 일반적이었으나 이것을 높은 위치로 옮기고 볼 조인트의 스팬(Span)을 길게 한 하이 마운트 타입(High Mount Type)이 증가되고 있다.

여러 가지
서스펜션④

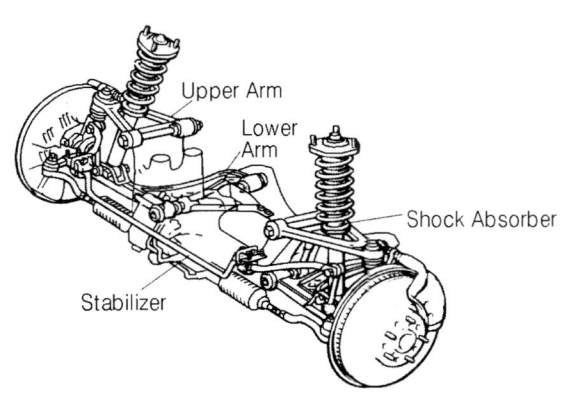

▲ 도요타 Supra의 Upper Arm Low Mount Type Double Wishbone Suspension : 어퍼 암을 알루미늄 단조제, 로어 암을 철 단조제로 하여 강성을 높이고 있다.

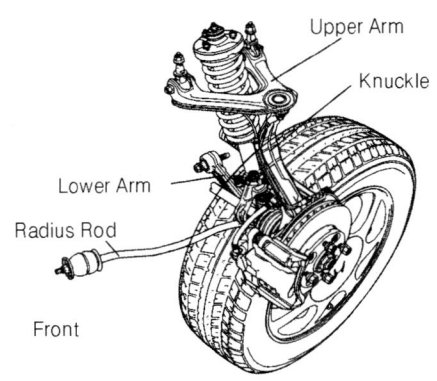

▲ 혼다 Accord의 Upper Arm High Mount Type Double Wishbone Suspension : 어퍼 암을 높은 위치에 배치하고 볼 조인트의 간격을 크게 하였기 때문에 얼라인먼트가 잘 변화되지 않는 것이 특징이다.

인디펜던트 서스펜션 중에서 가장 빠르게 보급된 것이 더블 위시본 타입의 서스펜션이다. 기본적으로는 A자형의 암을 상하 한 쌍이 되도록 평평하게 세워 두고 A자형의 끝에 **허브 캐리어(액슬 하우징)**를 설치하고 두 개의 다리를 바디에 설치한 구조로 되어 있다.

앞 차축의 서스펜션으로 사용된 경우에는 상하 A형 암(Lower Arm)의 끝에 자유롭게 회전할 수 있는 볼 조인트가 장착되어 있고 이것을 **스티어링 너클(Steering Knuckle)**에 연결하였다. 이 상하의 볼 조인트를 잇는 직선(킹핀축)을 중심으로 타이어의 방향이 변환되는 것이다. 스티어링 너클은 이 볼 조인트 주위에서 상하로도 움직일 수 있게 되어 있으며, 스프링과 속업소버의 하단은 아래 쪽의 **A-암(Lower Arm)**에 상단은 바디에 장착되어 있다.

앞 차축의 서스펜션으로 사용된 경우에는 상하 A형 암(Lower Arm)의 끝에 자유롭게 회전할 수 있는 볼 조인트가 장착되어 있고 이것을 **스티어링 너클(Steering Knuckle)**에 연결하였다. 이 상하의 볼 조인트를 잇는 직선(킹핀축)을 중심으로 타이어의 방향이 변환되는 것이다. 스티어링 너클은 이 볼 조인트 주위에서 상하로도 움직일 수 있게 되어 있으며, 스프링과 쇽업소버의 하단은 아래 쪽의 A-암(Lower Arm)에 상단은 바디에 장착되어 있다.

이 서스펜션의 특징은 상하 암의 크기와 형태, 설치각도를 변화시키는 것에 의해 타이어가 상하로 움직였을 때의 얼라인먼트 변화를 자유롭게 설정할 수 있다. 이 때문에 구조가 복잡하고 부품이 많아 가격도 비싸지만 제작하기 쉬운 서스펜션으로서 오랫동안 사용되고 있다.

위시본(Wishbone)이라는 것은 새의 가슴에 있는 ∧ 모양을 한 빗장뼈(쇄골)에서 온 명칭으로 초기의 더블 위시본 타입의 서스펜션 암은 상하 모두 이 형태를 하고 있었다. 그러나 현재는 서스펜션 전체를 가능한 한 간단하고 적당한 얼라인먼트를 확보하며, 그 변화를 작게 하려는 목적으로 암의 형태와 설치방법이 상당히 변하고 있다.

그 변화 중 가장 큰 것은 **어퍼 암(Upper Arm)**의 배치로 어퍼 암이 이전과 같이 타이어의 높이보다 낮은 위치에 있는 것을 **어퍼 암 로우 마운트 타입(Upper Arm Low Mount Type)**, 높은 위치에 있는 것을 **어퍼 암 하이 마운트 타입(Upper Arm High Mount Type)**이라고 하고 있다.

로우 마운트 타입의 특징은 서스펜션의 설치부분이 낮은 위치에 있기 때문에 앞 차축의 서스펜션에 적용한 경우 후드를 낮게 할 수 있지만 이 때문에 상하의 볼 조인트 간격이 좁아져 조인트에 가해지는 힘이 집중되는 어려운 점이 있다.

도어의 상하에 힌지(Hinge)를 장착할 때 도어 한 가운데 주변에 나란히 설치하는 경우와 양단에 설치하는 경우를 비교해보면 힌지의 스팬(간격)이 적을수록 도어의 개폐 상태가 불안정해진다. 로우 마운트 타입에서는 이 원리로 암의 강성과 조인트 부시의 강성 등을 높게 하지 않으면 코너링 포스와 제동력이 작용했을 때 캠버와 캐스터가 크게 변화될 우려가 있다. 이에 대한 대책으로 조인트의 강성만 높게 되면 승차감이 나빠지기 때문에 설계자는 이 부분에 대하여 연구를 집중하고 있다.

예를 들면 도요타의 Supra는 앞뒤 모두 더블 위시본 타입을 적용하고 있으나 앞뒤의 어퍼 암은 알루미늄 단조, 로어 암은 철 단조(鐵鍛造) 제품으로 강성을 높임과 동시에 이들을 고강성 알루미늄 서스펜션 멤버에 설치한 후 이 멤버를 바디에 설치하는 것으로 강성과 승차감의 균형을 유지하고 있다. 상하 암을 바디에 직접 장착하지 않고 서브프레임에 설치하여 이것을 부시 사이에 두고 바디에 설치하는 방법은 다른 차종에도 많이 적용되고 있다.

하이 마운트 타입(High Mount Type)의 더블 위시본 타입은 어퍼 암을 타이어보다 위에 배치한 구조로 볼 조인트의 간격이 커 스트럿 타입과 같이 캠버와 캐스터가 변화되기 어려우므로 부시를 부드럽게 하여 조종 안정성과 승차감의 균형을 취하기 쉽다. 프런트 서스펜션으로 사용하면 후드가 높아지지만 중형 이상의 자동차라면 허용할 수 있는 범위로 되어 있다.

프런트 서스펜션에서는 너클 암이 타이어에 접촉되지 않도록 상하로 길게 되어 있는 것도 특징의 하나로 긴 너클 암에 설치되어 있는 상하 암(Arm) 중 하나 또는 양방을 링크로 하면 멀티링크 타입의 서스펜션이 된다.

5-5. 스트럿 타입 서스펜션

여러 가지 서스펜션⑤

스트럿 타입 서스펜션에서는 쇽업소버를 내장한 스트럿이 타이어의 위치 결정과 하중 부담이라는 2가지 역할을 하고 있으며, 간단한 구조에 스프링 아래 중량이 작다는 이유로 중형급 이하의 승용자동차에 널리 적용되고 있다.

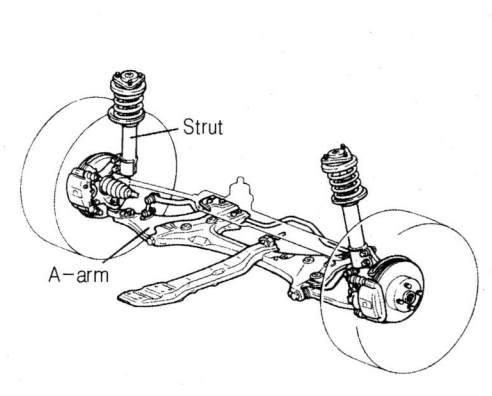

Strut

A-arm

▲ 도요타 Corolla의 Strut Suspension : 로어 에 A-암을 사용한 가장 표준적인 스트럿 서스펜션이다.

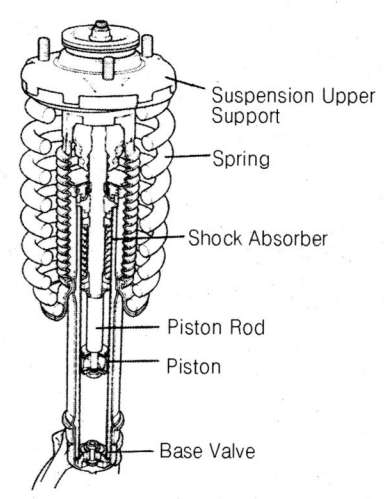

Suspension Upper Support

Spring

Shock Absorber

Piston Rod

Piston

Base Valve

▲ Strut Suspension의 Strut구조 : 코일 스프링 과 트윈 튜브식 쇽업소버로 구성되어 있으며, 상단은 서스펜션 어퍼 서포트에 의해 엔진룸과 타이어 하우스를 구획짓는 후드 리지에 고정되 어 있다.

스트럿 타입 서스펜션은 이것을 연구한 미국의 자동차 엔지니어의 이름을 붙여 **맥퍼슨 스트 럿 서스펜션(MacPherson Strut Suspension)**이라고도 불리고 있다.

스트럿 타입 서스펜션의 스트럿은 지주(支柱)를 뜻하는 것으로 기본적인 구조는 스프링과 함께 쇽업소버를 기둥으로 하여 상단(上端)을 바디에, 하단(下端)을 허브 캐리어나 로어 암 끝에 장착한 것이다.

더블 위시본 타입은 타이어의 위치를 결정하는 어퍼 암과 로어 암이 상하로 배치되어 스프링 과 쇽업소버는 별개가 되어 있으나 스트럿 타입은 스프링과 일체화된 쇽업소버를 위로 인장시 켜 어퍼 암의 작용도 이루어지도록 한다. 즉, 스트럿이 타이어의 위치결정과 하중부담이라는 2가지 역할을 하고 있는 것이다.

이 서스펜션이 앞 차축에 사용된 경우에는 조향을 위해 축이 회전할 수 있어야 한다. 따라서 **스티어링 너클(Steering Knuckle)**을 스트럿과 일체화하고 스트럿 상단에 베어링을, 하단에 볼 조인트를 설치하고 이 양 끝을 잇는 선이 **킹핀 중심선(King-pin Axis)**이 된다. 이 축을 중심으로 바퀴를 장착하는 액슬 하우징(Axle Housing)을 설치된 스트럿 전체가 조향방향으로 회전하는 것이다.

간략하게 말하자면 더블 위시본 서스펜션에서 어퍼 암을 제외한 형태의 간단한 구조이며, 서스펜션의 설치 공간이 작아도 되며, 스프링의 아래 중량도 가볍기 때문에 중형 이하의 승용차에 널리 적용되고 있다.

특히, FF 자동차의 앞 차축은 대부분이 이 타입 서스펜션을 적용하고 있다고 해도 과언이 아닐 정도이며, 예외는 더블 위시본식을 적용하고 있는 일부의 자동차와 멀티링크 타입을 사용하고 있는 닛산의 Primera와 미쓰비시의 Galant 등 몇 종류 밖에 없다. FR 자동차에서는 BMW 3, 5, 7 시리즈, M-Benz 190, 닛산의 Laurel과 Cima 등이 스트럿 타입 프런트 서스펜션에 적용하고 있다.

하중은 엔진룸과 타이어 하우스를 구획짓는 바디의 **후드 리지(Hood Ridge)**라 불리는 부분에서 지지되며, 이 점과 로어 암의 볼 조인트를 연결하는 큰 간격에 따라 캠버 각과 캐스터 각이 결정되기 때문에 바디쪽 장착부분의 고무 부시의 변형이 다소 있어도, 얼라인먼트가 변화되기는 어렵다. 즉, 서스펜션 컴플라이언스에 의한 지오메트리 변화가 작다는 것이 이 서스펜션의 특징이다. 이러한 점 때문에 승차감을 좋게 하기 위해 고무 부시를 부드럽게 하여도 서스펜션의 강성이 작아져 조종 안정성이 저하되는 경우는 적다.

다만, 이 서스펜션은 스트럿이 길어 서스펜션의 장착 위치가 높아지기 때문에 후드의 높이도 높아져 스마트한 바디 스타일을 만들기 어렵다는 문제점이 있다.

장착 위치가 높아지는 것은 타이어에 닿지 않도록 하기 위해 코일 스프링을 높은 위치에 두어야 하기 때문이며, Benz 190에서는 쇽업소버만 남기고 코일 스프링은 로어 암에 직접 설치하여 후드를 낮게 하였다. 혼다 CRX 초기 모델은 코일 스프링을 없애고 토션 바 스프링(Torsion Bar Spring)을 적용하여 이 높이의 문제를 해결하였다.

스트럿 타입 서스펜션을 뒤 차축에 적용할 경우 로어 암을 A-암으로 사용하고 있는 서스펜션과 평행하게 배치된 2개의 링크로 횡방향 힘을, 허브 캐리어에서 앞 방향으로 배치된 **레이디어스 로드(Radius Rod)**로 전후 방향의 힘을 받아 흡수하도록 한 서스펜션이 있다.

이와 같이 로어 암과 링크에 횡방향의 힘과 뒤를 향하는 힘이 가해졌을 때 암과 링크의 장착 위치에 따라 좌우 타이어가 앞이 벌어지는 Toe-out이 되는 경우가 있다. 예를 들면, 코너링 중에 하중이 가해진 바깥쪽 타이어가 Toe-out이 되면 타이어의 슬립 각이 그만큼 작아지기 때문에 스티어 특성으로서 오버 스티어(Over Steer) 경향이 되어 좋지 않다. 따라서 암과 로드를 잘 배치하여 앞뒤 부시의 경도를 바꾸어 Toe의 변화가 일어나지 않도록 하거나 Toe-in이 되도록 하여 자동차의 스티어 특성을 컨트롤한다.

5-6. 멀티링크 타입 서스펜션

멀티링크 타입은 더블 위시본 타입의 삼각형 컨트롤 암(Control Arm)을 링크로 분해하는 등 서스펜션의 지오메트리 변화를 활용하여 자동차의 조종 안정성을 높이는 것을 목표로 하고 있다.

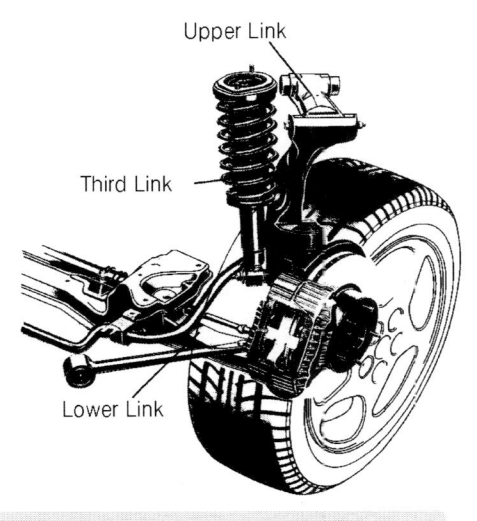

Upper Link

Third Link

Lower Link

▲ 닛산 Fairlady Z의 멀티링크 타입 프런트 서스펜션 : 상하의 링크 사이에 서드 링크라 불리는 제3의 링크를 설치하여 얼라인먼트의 최적화를 도모하고 있다.

▲ 벤츠의 멀티링크 타입 리어 서스펜션 : 멀티링크 타입 서스펜션의 효시가 된 것으로 코일 스프링과 쇽업소버를 나누어 바디를 낮은 위치에 마운트 할 수 있도록 되어 있는 것이 특징 중 하나이다.

　더블 위시본 타입 스펜션(Double Wishbone Type Suspension)에서는 어퍼와 로어라는 삼각형으로 되어 있는 컨트롤 암의 6개 정점을 적당한 위치에 정하여 롤 센터의 높이와 얼라인먼트의 변화, 안티 다이브(Anti-dive), 안티 리프트(Anti-lift) 효과 등의 특성을 상당히 자유롭게 설정할 수 있다. 또한, 바디와의 연결부분인 러버 부시의 강성을 적당하게 선택하여 롤 스티어와 컴플라이언스 스티어를 발생시켜 조종 안정성을 더욱 좋게 하는 효과를 얻을 수도 있다.
　그러나 서스펜션의 지오메트리 변화를 보다 적절하게 이루어지도록 하기 위해서는 컨트롤 암이 삼각형이라는 고정 관념을 버리고 링크로 분해하고, 필요하다면 링크를 더 추가하여 더욱 자유롭게 타이어의 자세를 컨트롤할 수 있도록 하여야 한다. 그래서 탄생한 것이 서스펜션을 많은(Multi) 링크(Link)로 구성한 멀티링크 서스펜션이다.

그러나 더블 위시본 타입에도 컨트롤 암을 삼각형이 아닌 L자형이거나 2개의 링크를 연결하여 컨트롤 암으로 만든 것이 있기 때문에 더블 위시본과 멀티링크 타입의 차이는 명확하게 규정되어 있는 것은 없다.

미쓰비시자동차의 Galant과 Emeraude 등의 서스펜션은 메이커는 전후 모두 멀티링크 타입이라고 부르지만 어퍼 링크는 확실히 새의 위시본(Wishbone)과 똑같은 형태를 하고 있으며, 타이어보다 어퍼 링크가 높은 위치에 설치되어 있는 더블 위시본 타입 프런트 서스펜션은 다음에 서술할 닛산의 멀티링크 타입 프런트 앞 차축 서스펜션과 작동하는 방법은 다르지만 외형은 매우 비슷하다.

이와 같은 멀티링크 서스펜션이라 해도 요즈음까지도 진화하여 발전되었지만 이미 서스펜션 형식으로서 공통된 특징을 정리하기란 좀처럼 쉽지 않다. 그래서 멀티링크 타입 서스펜션이 어떠한 것인지 프런트 서스펜션과 리어 서스펜션에 대해 각각 하나씩 예를 들어 어떻게 구성되어 작동하는지 살펴보자.

닛산의 Skyline과 Fairlady Z 등의 앞 차축에 적용되고 있는 멀티링크 타입 서스펜션은 어퍼와 로어 2개의 암이 그대로 남겨져 있기 때문에 한눈에 봐도 어퍼 암이 타이어보다 위에 설치되어 있는 하이 마운트 타입(High Mount Type)의 더블 위시본 타입처럼 보인다.

그러나 자세히 살펴보면 더블 위시본 형식의 경우 스티어링 너클의 상하 양 끝에 볼 조인트가 설치되어 있어야 하는데 이 서스펜션의 상단에는 원통형(圓筒形)의 부시가 설치되어 있고 허브 캐리어의 가까운 부분에 타이어의 방향을 변환하기 쉽도록 조향 전용의 베어링이 설치되어 있으며, 그 아래에 볼 조인트가 설치되어 있다.

즉, 더블 위시본 타입의 경우 위쪽의 볼 조인트가 스트로크 방향과 조향방향의 양쪽으로 움직이는 것에 비해 이 서스펜션은 스트로크 방향으로는 상단의 부싱이 움직이고 조향방향으로는 조향 전용의 베어링이 움직이는 것이다.

닛산에서는 스티어링 너클을 **써드 링크(Third Link)**라 부르는데 이와 같은 배치를 함으로써 더블 위시본 타입에서는 제한을 받는 어퍼 링크의 길이와 스크러브 반경을 자유롭게 설정할 수 있어 자동차의 조종 안정성을 향상시킬 수 있다. 즉, 더블 위시본식은 어퍼 암과 로어 암 끝에 있는 볼 조인트를 연결하는 것이 킹핀 축이 되고 어퍼 암의 길이를 정하면 자동적으로 스크러브(Scrub) 반경도 정해지지간 멀티링크 타입은 조종 안정성을 향상시키기 위해 최적의 수치를 각각 설정할 수 있다.

뒤 차축 서스펜션에 최초로 멀티링크 타입을 적용한 것은 벤츠였으나 이 경우 옛날부터 더블 위시본 타입의 삼각형 어퍼 암과 로어 암은 흔적도 찾아 볼 수 없으며, 한쪽에 5개의 링크가 독자적인 위치에 배치되어 있다. 각각의 링크의 연계된 움직임에 의해 노면의 상황에 관계없이 타이어는 노면과 진행방향에 대해 올바르게 유지되며, 주행 안정성과 자연스러운 핸들링 특성을 얻을 수 있다.

일체화하는 경우가 많은 스프링과 속업소버를 나누어 바디에의 장착 위치를 낮게 하여 차고를 낮추는 것도 이 서스펜션의 특징 중 하나이다.

5-7. 토션 빔 타입 리어 서스펜션

여러 가지 서스펜션⑦ 소형 FF차의 리어 서스펜션은 단순함(Compact)이 중요한 조건인 동시에 타이어의 자세 변화가 적고 코너링 중에 확실하게 노면을 따라가야(Trace) 한다.

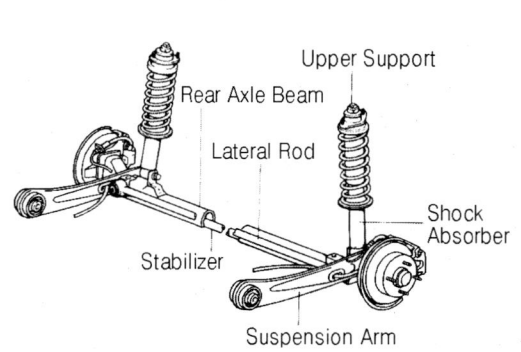

▲ 도요타 Starlet의 Torsion Beam 차축식 리어 서스펜션 : U자형의 단면을 가진 액슬 빔 속에 스태빌라이저가 들어있다. 좌우방향의 힘은 래터럴 로드(Lateral Rod)가 지지한다.

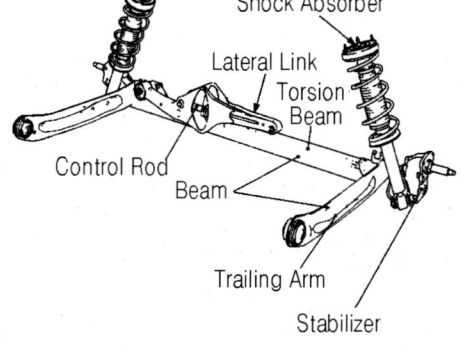

▲ 닛산 Primera의 Multi-link Beam Suspension : 래터럴 로드에 컨트롤 로드라고 불리는 짧은 로드를 설치한 Scott Russell Linkage에 의해 타이어가 수직방향으로만 움직이는 것이 특징이다.

패밀리카 등 일상생활의 교통수단으로 사용되는 경우가 많은 소형 FF차의 리어 서스펜션은 무엇보다 우선시되는 것은 가능한 한 단순(Compact)해야 한다. 앞바퀴 구동이기 때문에 프로펠러 샤프트(Propeller Shaft)가 없는 만큼 플로어는 넓으나 프런트 시트가 우선시되기 때문에 리어 시트가 좁아지는 경우가 많고, 가능하다면 화물도 많이 실을 수 있도록 하는 것이 좋기 때문이다.

더블 위시본과 멀티링크 타입의 서스펜션은 암과 링크의 적절한 강성과 배치를 확보하여야 조종 안정성과 승차감의 균형을 잡을 수 있다. FF차는 가볍고 앞에 엔진을 배치하여 앞바퀴를 구동하므로 어떻게 해도 노면과 횡풍(橫風)의 영향을 받기 쉬워 조종 안정성면에서 불리하기 때문에 가능하다면 이러한 서스펜션의 타입을 사용하려 하는 것이다. 그러나 이들 서스펜션은 암과 링크가 움직이기 위한 공간이 필요하여 구조의 간단함이 최우선인 FF차에는 적용이 어렵다.

이러한 이유에 의해 FF차의 뒤 차축용으로 여러 가지 서스펜션이 개발되어 있으며, 현재 주류를 이루고 있는 것은 뒷좌석 아래에 서브프레임을 배치하고 여기에 링크로 허브 캐리어 (Hub Carrier)를 설치한 멀티링크 타입과 로어 암을 사용한 스트럿 타입이 있는데 **토션 빔 타입 서스펜션(Torsion Beam Type Suspension)**을 적용한 자동차도 있다.

토션 빔 타입 서스펜션은 몇 가지 종류가 있지만 공통된 것은 좌우에 **트레일링 암(Trailing Arm)**이 배치되어 이것이 **빔(Beam)**으로 연결되어 있다. 트레일링 암의 트레일링은 '끌다' 라는 뜻으로 타이어가 바디에 장착되어 있는 암에 이끌려 진행하는 타입의 서스펜션을 트레일링 암 타입이라고 불리고 있다.

예를 들면 도요타 Starlet의 토션 빔 서스펜션은 좌우의 트레일링 암 후단을 아래쪽으로 향한 U자형 단면을 가진 **액슬 빔(Axle Beam)**으로 연결하고 여기에 **래터럴 로드(Lateral Rod)**를 장착한 구성으로 되어 있다.

래터럴 로드는 액슬 빔과 거의 평행으로 배치되어 액슬 로드와 바디에 러버 부시를 사이에 두고 설치되어 있는 봉으로 서스펜션에 들어가는 가로방향의 힘을 받아 흡수하는 작용을 하며, 고안자의 이름을 따 **파나드 로드(Panhard Rod)**라고도 불린다. 앞뒤 방향의 힘은 트레일링 암이, 상하방향의 힘은 스트럿이 받아들이기 때문에 FF 자동차의 리어용에 어울리는 심플한 구성이다.

타이어의 움직임을 규제하는 링크로서 역할을 하는 액슬 빔을 스트럿 타입이나 더블 위시본 타입과 비교하면 매우 길이가 길 뿐만 아니라 빔 속에 스태빌라이저가 설치되어 있기 때문에 캠버의 변화가 작고 뒷바퀴를 확실하게 지지할 수 있다. 또한 멀티링크 타입 등에 비해 조인트 수가 적기 때문에 서스펜션이 작동하였을 때의 마찰력이 작아 승차감도 좋다.

실용상 문제가 될 정도는 아니지만 이 타입의 단점은 래터럴 로드가 액슬 빔과 바디에 각각 1점으로 자동차의 중심선과 비대칭으로 장착되어 있기 때문에 좌·우회전시 코너링 특성이 다르다는 점과 스트로크가 클 때 바디와 액슬 빔이 상대적으로 옆으로 빗나가는 **스커프 변화 (Scuff 변화)**가 발생된다는 점이다.

이 비대칭성과 Scuff의 변화를 피하기 위해 개발된 것이 닛산의 **멀티링크 빔 서스펜션 (Multi-link Beam Suspension)**이다. 이 서스펜션은 위에 서술한 도요타 Starlet의 토션 빔 서스펜션과 기본적으로는 거의 같으나, 다른 점은 래터럴 로드 대신 **스코트 러셀 기구(Scott Russell Linkage)**라 불리는 링크 기구가 이용된다.

이 기구는 래터럴 로드에 컨트롤 로드(Control Rod)라 불리는 짧은 로드를 장착한 것으로 이 로드가 추가되어 있는 것과, 래터럴 로드의 액슬 빔 장착 부분에 상하 방향으로 견고하고, 좌우 방향으로 용이하게 변형되는 부시가 장착되어 있는 것이 특징이다. 이 기구를 적용함으로써 타이어는 바디에 대해 항상 수직방향으로만 움직이고 토션 빔 타입의 단점이었던 비대칭성과 스커프 변화가 해소되어 우수한 조종 안정성을 실현하고 있다.

5-8. 감쇠력 전자제어 서스펜션

쇽업소버의 감쇠력(減衰力, Damping Force)은 컨트롤 밸브를 개폐만으로 필요한 크기로 조정할 수 있다. 노면의 입력(入力)에 대응하여 감쇠력을 순간적으로 변화시키면 자동차의 자세를 수평으로 유지하면서 주행할 수 있다.

감쇠력 전자제어 서스펜션(Electronic Modulated Suspension)은 4바퀴에 설치되어 있는 쇽업소버의 감쇠력을 컴퓨터에 의해서 연속적으로 제어하여 자동차를 항상 수평에 가까운 자세로 유지하면서 주행할 수 있도록 하는 시스템을 말하며, **전자제어 에어 서스펜션(Electronic Controlled Air Suspension)**과 **액티브 댐퍼 서스펜션(Active Damper Suspension)**, **액티브 프리뷰 서스펜션(Active Preview Suspension)** 등이 이에 해당한다.

이상적인 서스펜션 중의 하나로 노면의 형태가 어떻게 변하든 타이어가 이에 따라 상하 운동을 하여도 바디가 노면으로부터 일정한 높이를 유지하면서 수평으로 이동하는 것이 가능한 서스펜션을 들 수 있다. 이것이 실현된다면 노면의 요철(凹凸)에 관계없이 안정된 승차감을 얻을 수 있는 것은 물론 접지성(接地性)을 살려 타이어의 성능을 충분히 이끌어낼 수 있다.

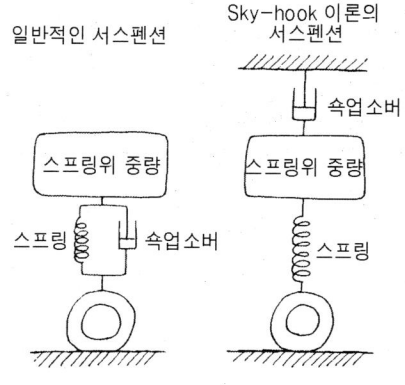

일반적인 서스펜션　　　Sky-hook 이론의
　　　　　　　　　　서스펜션

속업소버
스프링위 중량　　　스프링위 중량
스프링　속업소버　　　　스프링

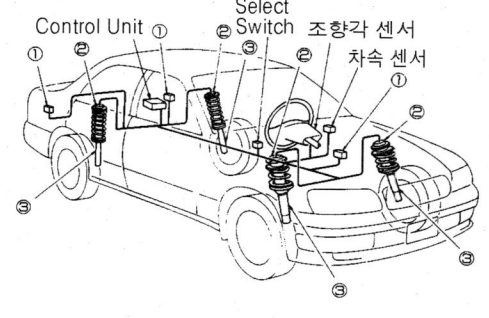

Control Unit ①　Select
　　　　　　Switch　조향각 센서
　　　　　②　　　②　③　　차속 센서
①　　　　　　　　　　①
　　　　　　　　　　　②
③
　　　　　　　　　　　③
　　　　　③

▲ Sky-hook 이론을 기초로 하여 구성된 서
스펜션은 속업소버의 감쇠력을 세밀하게 컨
트롤하여 스프링 위 중량이 상하로 움직이
는 경우가 없도록 하는 것을 목표로 만들어
진다.

▲ Active Damper Suspension 구성 : 차체의 움
직임은 G센서 ①과 조향각 센서에 의해 검출
된다. 컨트롤 유닛은 이 신호를 바탕으로 액추
에이터 ②에 지령을 보내 속업소버 ③의 감쇠
력을 순간적으로 변환시킨다.

　이와 같은 서스펜션의 기초가 되는 이론은 마치 자동차가 공중에 매달려 있는 것과 같이 노면의 영향을 받지 않고 주행할 수 있다는 뜻으로 **스카이 훅(Sky-hook)** 이론이라고 이름 붙여져 있다. 일반적인 서스펜션은 스프링과 속업소버를 병렬로 배치하고 있는 것에 대해 양자를 직렬로 배치하여 스프링 위에 장착되어 있는 바디가 스프링의 움직임에 관계없이 일정한 위치로 유지되도록 한 것이 이 시스템의 모델이다.

　전자제어 에어 서스펜션은 바디의 상하운동을 앞뒤에 배치된 2개의 **G센서(Gravity-sensor, 가속도나 감속도 감지 센서)**에 의해 각 속업소버의 높낮이 변화를 **하이트 센서(Height Sensor)**로 검출하여 이들의 데이터에 의해 컴퓨터가 4바퀴에 설치되어 있는 속업소버의 감쇠력을 개별적으로 컨트롤하는 구조로 되어있다.

　예를 들면 속업소버가 수축하여 바디가 위로 움직이는 순간을 타이어가 튀어 올라간 상태라고 판단하여 감쇠력을 부드럽게 하고 바디가 위로 움직이고 있는 상태에서 속업소버도 늘어나고 있다면 감쇠력을 강하게 하여 이 움직임을 멈추는 상태로 감쇠력을 제어하여 안정적인 승차감을 확보하는 것이다.

　또한 스티어링 휠의 회전을 검출하는 조향각 센서, 브레이크 신호를 검출하는 스톱 램프 스위치, 차속을 검출하는 차속 센서 등을 설치하여 발진시 감쇠력을 높여 자동차의 뒤가 내려가는(Squat) 것을 억제하고, 브레이크가 작동될 때에도 감쇠력을 높여 앞이 낮아지는(Dive) 것을 최소화하며, 스티어링 휠을 회전시키면 똑같이 감쇠력을 높여 롤을 억제하는 등의 기능도 한다. 에어 스프링을 적용하여 코일 스프링으로 흡수할 수 없는 미세한 진동을 흡수하여 승차감을 한 층 높이는 것도 이 서스펜션의 큰 특징이다.

액티브 댐퍼 서스펜션은 바디의 움직임을 앞에 1개, 뒤에 2개가 설치된 G센서로 검출하고, 여기에 차속 센서와 조향각 센서로부터의 신호를 받아 4바퀴에 설치되어 있는 속업소버의 감쇠력을 전자적으로 제어하고 있다.

구체적으로, 편평(扁平)한 노면을 주행하고 있는 상태에서는 속업소버의 감쇠력을 약하게 하고 노면의 요철(凹凸)을 통과하면 즉시 바디의 움직임이 최소가 되도록 감쇠력이 조정되어 코너링과 차선의 변경에 의해 자동차가 기울면 감쇠력을 높여 롤링을 억제하는 작용을 한다. 안티 다이브(Anti-dive)와 안티 스쿼트(Anti-squat)의 작용을 하는 것도 전자제어 에어 서스펜션과 같다.

이러한 제어의 결과로 보면 바디의 상하진동과 롤 등의 움직임이 작고 하중의 변동과 캠버의 변화가 작으며, 타이어의 자세를 언제나 양호한 상태로 유지하는 것이 가능하여 그 성능을 충분히 발휘할 수 있다는 장점이 있다.

운전자 입장에서 보면 노면의 요철에 의한 영향을 받지 않고 자동차가 안정적으로 주행하기 때문에 장시간 주행 후에도 피로가 적다. 또한, 자동차의 롤과 다이브 등이 적기 때문에 시선(視線)의 변화가 적어 위험한 상황이 발생하지 않도록 하는 예방 안전의 의미에서도 뛰어난 서스펜션 시스템이라고 말할 수 있다.

이 서스펜션은 속업소버를 감쇠력 가변방식으로 하여 전자적으로 제어하기 위한 시스템을 갖추기만 하면 되기 때문에 고급차에 보편화되어 있다.

5-9. 액티브 서스펜션

여러 가지 서스펜션⑨

4바퀴에 설치되어 있는 스프링의 스프링 정수를 유압을 이용하여 자유롭게 바꾸어 자동차의 자세를 가능한 한 일정한 상태로 유지하면서 조종 안정성과 승차감의 균형을 유지한다는 의미에서는 궁극(窮極)의 서스펜션이다.

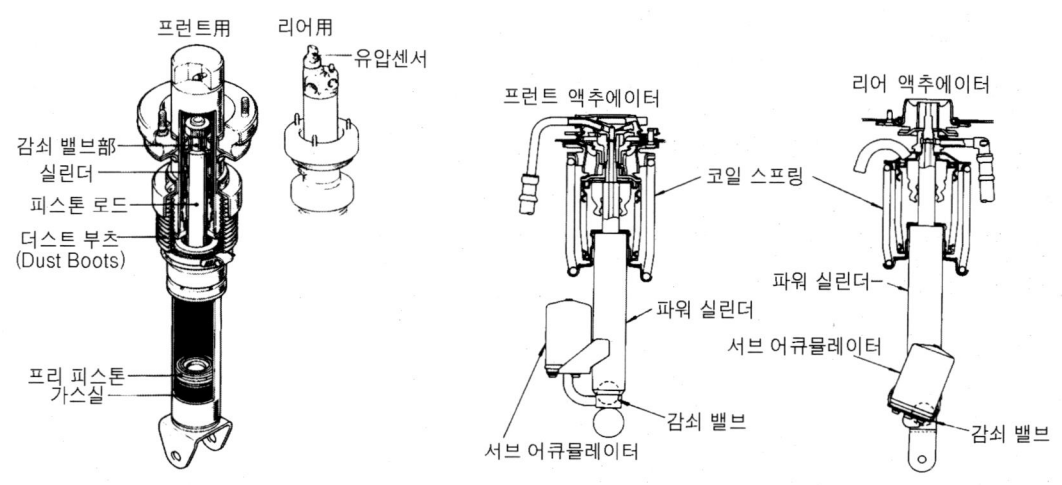

▲ 도요타 Soarer의 하이드로뉴매틱 실린더

▲ 닛산 인피니티 Q45용 액티브 서스펜션의 액추에이터실린더 내의 유압과 오일의 감쇠력을 전자적으로 제어하여 스프링과 쇽업소버를 작동시킨다.

　자동차의 주행성능과 선회성능을 기본적으로 결정하는 부품은 스프링이다. 스프링을 부드럽게 하여 승차감을 좋게 하면 가·감속시나 코너링시 자동차의 자세변화가 크기 때문에 조종 안정성이 나빠지고, 반대로 스프링을 강하게 하여 코너를 빠른 속도로 선회하면 승차감이 나빠진다.

　그리고 실제 우리가 조종 안정성을 문제 삼는 것은 코너링이나 차선 변경 등 스티어링 휠을 조작하여 자동차의 자세가 변할 때이며, 자동차가 요철이 있는 노면을 주행하고 있을 때에는 승차감에 신경이 쓰인다.

그러므로 우수한 조종 안정성과 높은 수준의 승차감을 양립시키기 위해서는 스프링의 딱딱함 정도를 자동차의 주행상태와 노면상태에 따라 바꾸어야 한다. 예를 들어 코너링 시 바깥쪽 바퀴의 스프링을 딱딱하게 하여 자동차의 기울임을 억제하고 돌기를 통과할 때는 스프링 정수를 작게 하여 타이어가 돌기를 올라갈 때 힘을 흡수할 수 있으면 된다.

이와 같이 본래부터 주행 중에 바꿀 수 없는 스프링의 딱딱함을 컴퓨터에 의해 제어된 유압을 이용하여 바꿔, 자동차의 종합적인 성능을 높이려는 것이 액티브 서스펜션(Active Suspension)이다.

일반적인 서스펜션은 외부에서 가해진 힘을 그대로 받아들이는 데에 비해 액티브 서스펜션은 큰 힘이 가해지면 서스펜션을 확실히 지지하여 충격이 전달되면 흡수하여 부드럽게 하는 등 필요에 따라 능동적으로 주행하기 쉬운 자동차의 자세를 만들어내는 것이다.

도요타의 Soarer에 적용되어 있는 액티브 서스펜션에는 스프링과 속업소버 대신 **하이드로 뉴매틱 실린더**(Hydropneumatic Cylinder)가 장착되어 있다. 이 장치는 모노 튜브식 가스주입 속업소버와 비슷한 구조로 실린더 속에 공기가 들어간 가스실이 설치되어 있고 프리 피스톤(Free Piston)을 경계로 오일이 채워져 있으며, 서스펜션의 딱딱함은 이 오일의 유압을 제어하여 조정한다.

자동차의 주행상태는 바디에 가해진 전후방향의 가속도를 1개의 전후 G센서(Gravity Sensor), 횡방향의 가속도를 2개의 횡 G센서, 상하방향의 가속도를 3개의 상하 G센서로 검출하고 동시에 서스펜션 암의 각도 변화로 차고의 변화가 검출된다.

이와 같은 센서로부터의 신호는 2개의 마이크로 프로세서(Micro Processor)에 의해 순식간에 연산되어 각 바퀴에 설치되어 있는 하이드로뉴매틱 실린더의 유압이 각각 작동하여 어떠한 주행상태에서도 자동차의 자세가 거의 수평을 유지하게 된다. 예를 들면, 타이어가 미끄러지기 시작하기 직전의 심한 코너링의 경우에도 자동차가 기울어지는 각도가 1° 이상 커지는 경우는 없다.

실제로 선회를 시작하면 자동차에 작용하는 원심력을 횡 G센서가 감지하여 그 크기에 따라 바깥쪽 바퀴에 설치되어 있는 실린더의 유압을 상승시키고 동시에 안쪽 바퀴에 설치되어 있는 실린더의 압력을 낮추어 바디가 기울어지려는 힘을 상쇄시키는 것이다. 브레이크를 작동시켰을 때 앞쪽이 가라앉는 것도 전후 G센서로 감속도를 감지하여 앞바퀴에 설치되어 있는 실린더의 유압을 상승시켜 억제한다.

노면의 요철은 상하 G센서로 감지하여 유압을 조정함으로써 진동을 억제하고 동시에 자동차의 자세를 항상 일정하게 유지한다. 유압의 조작으로 흡수할 수 없는 미세한 진동은 실린더 내의 공기가 흡수한다.

또한, **차고 센서(Automobile-High Sensor)**를 사용하여 타고 있는 사람의 수와 화물의 중량에 관계없이 차고를 일정하게 유지하고 고속주행 시에는 차고(車高)를 최대 15mm 정도 낮추어 안전성을 좋게 한다.

이 장치는 당연히 고가(高價)로 도요타 Soarer에서 액티브 서스펜션을 장비한 4ℓ 차는 300만 엔 이상의 높은 가격으로 설정되어 있다. 닛산의 인피니티 Q45의 액티브 서스펜션은 가격을 낮추기 위해 스프링을 설치하고 그 작용을 유압장치로 보충하는 시스템을 적용하고 있다. 액티브 서스펜션은 기구적으로 쾌적한 승차감과 우수한 조종 안정성의 양립을 도모한 최상의 서스펜션이지만 시스템이 복잡한 구조이기 때문에 저가의 자동차에는 보급이 어렵다.

6-1. 미끄러지기 쉬운 정도를 나타내는 마찰계수

타이어가 미끄러지기 쉬운 정도는 마찰계수로 표시되며, 타이어가 구르고 있는 상태에서의 정적 마찰계수(Static Coefficient of Friction)와 타이어가 정지되어 있거나 공회전 상태에서의 동적 마찰계수(Kinetic Coefficient of Friction)로 나누어 생각할 수 있다.

굴러가고 있는 바퀴가 노면에 접지되어 있는 부분(Tread)의 어느 한 곳을 주목하여 그 움직임을 살펴보면 타이어의 중심 바로 아래보다 조금 앞에서 노면에 접지되어 서서히 하중(荷重)이 증가되고 타이어의 중심점을 지나가면 그 하중이 점차 작아지면서 노면에서 멀어진다.

이 트레드의 움직임은 사람이 걸어갈 때 발의 움직임과 비슷하다. 우리들이 걸어갈 때 먼저 뒤꿈치부터 땅에 대고 체중을 실으면서 발을 뒤로 보내며 발가락으로 노면을 차듯이 앞으로 나아가는 동작을 반복하고 있다.

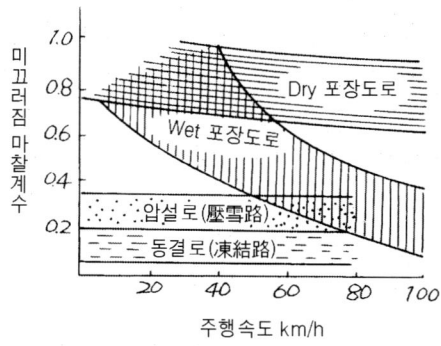
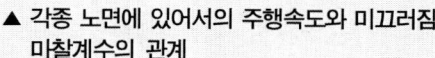

▲ 각종 노면에 있어서의 주행속도와 미끄러짐
마찰계수의 관계

▲ 엔진의 출력이 충분할 때 노면의 마찰계수가
같다면 하중이 클수록 마찰력은 크기 때문에
타이어를 그립력이 높은 것으로 하여 하중을
가하면 큰 구동력을 얻을 수 있다.

이러한 발의 움직임을 평소에는 신경 쓰지 않지만 겨울철에 얼어붙은 노면을 지나야 하는 상황이 되면 발의 움직임을 의식할 수밖에 없다. 미끄러지지 않게 빙판 위를 걷기 위해서는 내민 발에 가능한 한 살짝 체중을 실어 뒤로 찬 발이 미끄러지지 않도록 조심하면서 앞으로 나아간다.

이러한 노면의 미끄러지기 쉬운 정도를 나타내기 위해서는 마찰계수가 사용된다. 기호로 나타날 때에는 그리스문자 μ(뮤)를 사용하며, 미끄러지기 쉬운 노면은 "μ가 작다"거나 "μ가 낮은 노면"이라고 표현하고, 잘 미끄러지지 않는 노면은 "μ가 크다"거나 "μ가 높은 노면"이라고 말한다. 마찰계수는 서로 미끄러지는 물체의 표면 상태에 따라 정해지는 수치이다.

마찰력은 서로 누르는 힘이 크면 클수록 즉, 하중에 비례하여 커진다는 것을 경험적으로 알고 있을 것이다. 실제 마찰력은 노면의 미끄러운 상태를 나타내는 마찰계수에 하중을 곱하여 구할 수 있다. 예를 들어 노면의 μ가 0.2라면 체중이 60kgf인 사람이 지나갈 때의 마찰력은 $60 \times 0.2 = 12$kgf이 된다.

여기서 특히 주의해야 할 것은 체중 60kgf의 사람이 마찰계수 0.2의 노면을 걸을 때 마찰력은 보행 방법에 따라 다르므로 12kgf이 아닐 수도 있다는 것이다. 이 12kgf이라는 값은 실현 가능한 최대 마찰력으로 사람이 가만히 걸어서 5kgf의 힘으로 앞으로 나아간다면 마찰력은 5kgf이고, 만약 15kgf의 힘으로 노면을 뒤로 찼다면 마찰력은 순간적으로 0이 되어 이 사람은 미끄러지게 된다.

자동차는 아무리 엔진의 출력을 크게 해도 타이어의 최대 마찰력 이상의 구동력은 노면에 전달할 수 없다. 일반 물리에서는 멈추어 있는 물체가 움직이려고 할 때의 마찰계수(**정적 마찰계수**)는 외부에서 가해지는 힘을 서서히 크게 하여 미끄러지기 직전의 최대 마찰력을 수직하중으로 나눈 것으로 정의한다.

　이것을 타이어와 노면의 관계에서 보면 엔진에서 전달된 구동력에 의해 타이어가 구르면서 앞으로 나아갈 때 그 이상으로 구동력을 크게 하면 타이어가 공회전(空回轉)을 시작하기 직전의 상태에서 노면의 수평방향에 작용하는 마찰력을 타이어에 가해진 하중으로 나눈 것이 그 때의 정적 마찰계수이다. 또한 브레이크가 작동되는 상태에서 보면 타이어가 정지되기 직전의 마찰력을 타이어에 가해진 하중으로 나눈 것이 그 때의 정적 마찰계수이다.

　타이어가 구르고 있는 상태에서의 마찰계수인 정적 마찰계수에 대하여 타이어가 급가속으로 공회전하거나 급브레이크에 의해 휠이 정지되어 미끄러지는 상태에서의 마찰계수인 동적 마찰계수를 생각할 수 있다. 예를 들어, **스터드리스 타이어(Studless Tire)**의 브레이크 성능을 평가할 때에 노면과의 마찰계수가 문제시 되는데 이때의 마찰계수는 동적 마찰계수이다.

　브레이크 성능은 빙판 위뿐만 아니라 포장도로에서도 자동차가 브레이크를 작동시킨 후 정지하기까지의 거리로 표현되지만 고두 브레이크 페달을 강하게 밟아 타이어가 정지된 상태에서 측정되는 것이다.

　이와 같은 타이어와 노면에서도 타이어가 구르고 있을 때와 정지된 상태로 미끄러질 때는 마찰현상이 다르기 때문에 마찰계수도 다르다.

　타이어의 경우 발진할 때 타이어를 공회전하거나 브레이크를 작동시킬 때 타이어를 멈추게 하는 것이 좋지 않다고 알려져 있는 것은 일반적으로 정적 마찰계수가 동적 마찰계수보다 크기 때문이다.

6-2. 점착 마찰과 히스테리시스 마찰

타이어의 성능②

타이어의 마찰력은 트레드 표면에 작용하는 점착(粘着) 마찰력과 트레드 고무가 변형을 반복하여 발생하는 히스테리시스 마찰력(Hysteresis Friction)을 합친 것이며, 이것이 모든 그립(Grip)을 좋게 하는 것이 된다.

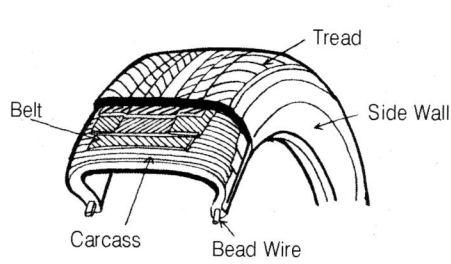

Tread
Belt
Side Wall
Carcass
Bead Wire

점착 마찰 없음
히스테리시스 마찰 발생 없음

물   얼음

점착 마찰력 있음
히스테리시스 마찰 발생

포장도로

▲ 트레드 고무뿐만 아니라 타이어의 골격인 Carcass의 합성섬유나 이것을 감싸고 있는 고무도 변형이 되면 히스테리시스로 인해 열을 발생한다.

▲ 트레드 고무의 히스테리시스 마찰력은 접지 부분에 점착 마찰력이 작용하여 고무가 변형됨에 따라 처음 발생한다. 얼음과 타이어 사이에 수막이 있으면 점착 마찰력은 발생하지 않기 때문에 히스테리시스 마찰력도 제로로 타이어는 전혀 그립되지 않는다.

일반적으로 타이어라고 하면 공기가 들어간 타이어를 뜻하지만 영어에서 타이어(Tire)의 어원은 Attire로 의장(衣裝)을 의미하며, <the attire of the wheel> 즉, 차바퀴를 꾸미는 것으로부터, 차바퀴의 둘레에 장착되어져 있어 노면에 접하는 것이 타이어라고 불리게 되었다.

우리들은 타이어라고 하면 자동차용 공기 타이어를 생각하지만 전차의 바퀴에도 타이어가 장착되어 있다. 자동차 타이어와 노면의 마찰계수가 그렇듯 철도의 바퀴에서도 타이어와 레일 사이의 마찰계수는 중요한 기술적인 과제이다.

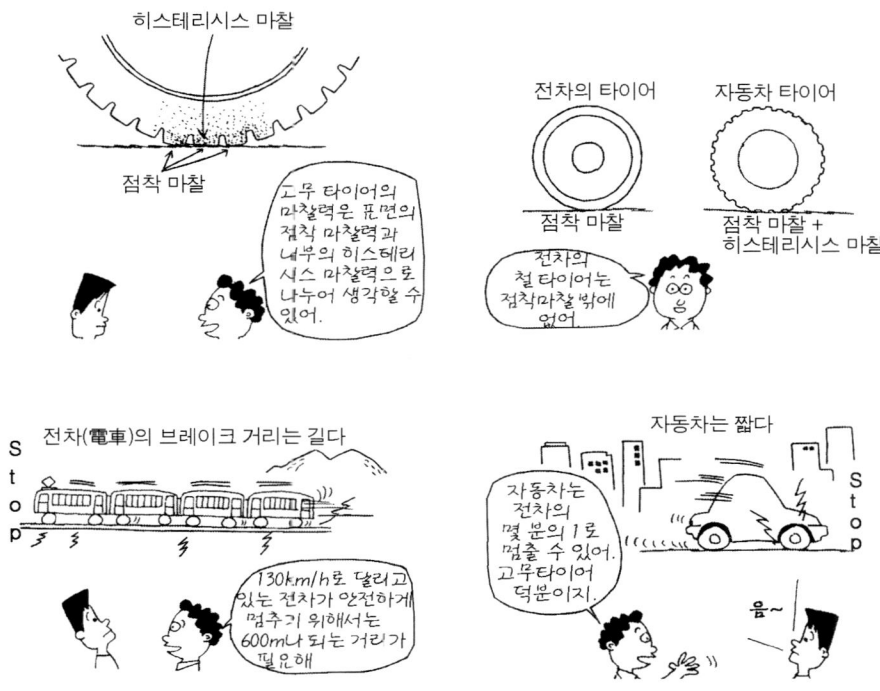

자동차의 경우와 같이 전차와 전기 기관차의 모터의 출력을 높이거나, 브레이크의 성능을 향상시켜 고성능화를 이루어도 타이어의 마찰력을 웃도는 구동력과 제동력이 가해지면 바퀴가 공전(空轉)하거나 정지되어 레일 위를 미끄러지므로 열차의 속도가 증가되지 않는다.

일반 열차의 제동거리(制動距離)는 운전사가 이상을 발견할 수 있는 거리를 기준으로 법령에 의해 최대 600m로 정해져 있다. 이 범위에서 정지할 수 있는 열차의 속도는 현재의 브레이크 시스템을 사용하는 한 130km/h가 한계로 현재 발전된 기술로 더욱 고속으로 달릴 수 있지만 법령의 규제 때문에 최고속도를 억제하고 있다고 한다.

바꾸어 말하면 열차가 130km/h의 속도로 달리다가 안전하게 멈추기 위해서는 무려 600m나 되는 거리가 필요하다. 자동차라면 당연히 이보다 훨씬 짧은 거리에서 멈출 수 있다.

철도의 경우 모터의 회전력을 높여가면서 타이어가 미끄러지기 시작할 때의 마찰력을 점착력이라 하며, 이 점착력을 축의 하중으로 나눈 수치를 **점착계수(Adhesion Coefficient)**라 한다. 이것을 타이어와 레일 사이의 마찰계수로 하고 있으며, 점착계수는 앞에서 서술한 최대 정적 마찰계수와 같은 방식으로 계측하여 얻어진 수치로서 건조한 레일의 경우 0.4정도라고 한다.

자동차의 타이어에서 마찰계수가 0.4라고 하면 매우 미끄러지기 쉬운 젖은 노면에서의 수치이며, 건조한 포장도로에서의 마찰계수는 0.8~1.0정도로 건조한 레일의 점착계수의 2배 이상의 수치를 나타낸다.

새로운 교통시스템과 모노레일에 고무 타이어가 적용되고 있는데 이것은 타이어가 고무일 경우 마찰력이 크기 때문에 강한 가·감속이 가능하여, 역과 역사이의 짧은 거리를 빠르게 달릴 수 있고 급경사도 주행이 가능하다는 장점이 있기 때문이다. 이와 같이 금속과 금속, 고무의 타이어와 포장노면의 큰 마찰계수 차이는 왜 발생하는 것일까.

지우개로 종이의 표면을 문질러보면 알 수 있듯이 고무의 형태가 변화되지 않을 정도의 가벼운 힘을 가했을 때와 약간 뭉개질 정도의 힘을 가했을 때는 촉감이 전혀 다르다. 힘을 가하면 마찰력이 커지는 것이 당연하지만 그뿐만 아니라 마찰력을 더 크게 하고 있는 다른 요소가 있다는 것이 느껴진다.

사실 이 눌림에 의해 발생하는 마찰력은 고무 분자가 형태를 바꿀 때 내부의 마찰에 의해 발생되는 힘으로 **히스테리시스 마찰력(Hysteresis Friction Force)**이라고 부르는 것이다.

이에 비해 철도의 타이어와 레일의 경우와 같이 고무 타이어가 접지되고 있는 표면에 작용하는 마찰력을 **점착 마찰력(Adhesion Friction Force)**이라고 한다. 즉, 철도 타이어의 마찰력은 점착 마찰력뿐이지만 고무 타이어의 마찰력은 점착 마찰력과 히스테리시스 마찰력이 동시에 작용하여 발생하는 것이다.

이 히스테리시스 마찰력의 큰 특징은 점착 마찰력과는 별도로 존재하는 마찰력이 아니라 점착 마찰력과 동시에 발생한다는 점이다. 예를 들면, 빙판 위에 멈추어 있는 자동차를 발진(發進)시키려 할 때 표면이 미끌미끌하여 점착 마찰력이 제로라면 히스테리시스 마찰력도 제로로 타이어는 공회전하지만 자동차는 움직이지 않는다. 히스테리시스 마찰력은 점착마찰에 의해 노면에 힘이 가해지기 때문에 고무의 형태가 변형되어 발생한다.

타이어의 마찰력은 **그립력(Grip Force)**이라고도 부르는 경우도 있다. 그립은 <잡는다>는 것을 의미하는데 고무가 마치 손과 같이 노면을 잡는다고 하는 것은 점착 마찰력과 히스테리시스 마찰력이 일체로 되어 마찰력을 발휘하고 있는 듯한 느낌을 들게 한다.

6-3. 구름저항과 히스테리시스 로스

타이어의 마찰력을 다르게 생각하면 타이어가 굴러갈 때의 구름을 방해하는 힘, 즉 구름저항(Rolling Resistance)이라고 할 수 있다. 따라서 그립력이 큰 타이어는 구름저항도 크다. 특히 히스테리시스 마찰은 구름저항에 큰 영향을 준다.

　타이어의 마찰력은 점착 마찰력(Adhesion Friction Force)과 히스테리시스 마찰력(Hysteresis Friction Force)을 합친 것으로 마찰력은 구동계통을 통하여 전달되는 엔진에서 발생된 동력, 즉, 타이어가 노면을 끌어당겨 밀어내는 구동력과 브레이크의 작동에 의해 제동력이 가해졌을 때 발생하는 힘이다.

　그렇다면 이와 같이 구동력과 제동력이 가해지지 않는 상태에서는 트레드에 마찰력은 작용하지 않는 것일까. 예를 들면, FF 자동차의 앞 타이어에는 엔진에서 전달된 구동력과 같은 크기의 마찰력이 작용하기 때문에 자동차가 앞으로 나아간다. 그러나 뒤 타이어에는 구동력이 가해지지 않기 때문에 마찰력도 발생하지 않는가 하면 그렇지 않다. 타이어는 미끄러지지 않고 굴러가는 것이기 때문에 당연히 마찰력은 발생한다. 단, 그 크기가 매우 작아 마찰계수로 비교하면 자동차용 레이디얼 타이어에서 0.01~0.015 정도이다.

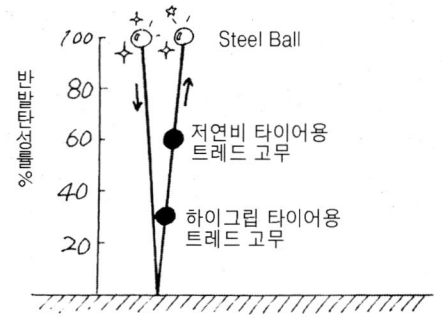

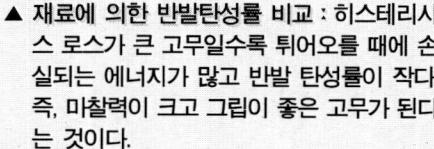

▲ 재료에 의한 반발탄성률 비교 : 히스테리시스 로스가 큰 고무일수록 튀어오를 때에 손실되는 에너지가 많고 반발 탄성률이 작다. 즉, 마찰력이 크고 그립이 좋은 고무가 된다는 것이다.

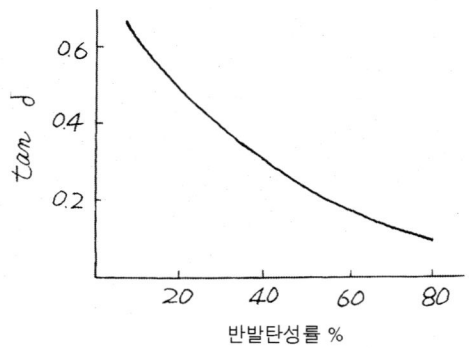

▲ 반발 탄성률과 tan δ의 관계 : 반발 탄성률과 고무가 튀어 오르기 힘든 정도를 나타내는 tan δ는 강성과 컴플라이언스와의 관계와 비슷하며, 반발 탄성률이 고무의 튀어 오르기 쉬움과 탄성을 나타내는 데에 비해 tan δ는 소성(Plasticity)을 나타낸다.

이때의 마찰력은 다른 시각에서 보면 타이어가 굴러갈 때 방해가 되는 힘, 즉 저항력이기 때문에 구름저항이라고 하며, 마찰계수도 **구름 저항계수(Rolling Resistance Coefficient)**라고 부른다. 구름 저항계수는 마찰력과 마찰계수와의 관계와 같이 구름저항을 하중으로 나눈 것이다. 구름저항의 주역은 타이어의 히스테리시스 마찰력으로 점착 마찰력은 작다. 이것은 구동력이 가해질 때와 달리 점착 마찰력이 작아도 타이어는 차축에 눌려 앞으로 나아가는 것으로도 알 수 있다.

이 히스테리시스 마찰력을 조금 더 자세히 알아보면 타이어를 구성하는 고무와 섬유 등 고분자물질의 **히스테리시스 로스(Hysteresis Loss)**와 타이어가 변형됨에 따라 손실되는 **비틀림 에너지(Torsional Energy)**로 나뉜다. 타이어의 모든 구름저항 중 약 1/2이 트레드 고무의 히스테리시스 로스이기 때문에 타이어의 구름저항을 선정할 때 문제가 되는 것은 오로지 트레드 고무의 히스테리시스 로스이다.

구름저항이 작은 말하자면 저연비(낮은 연료소비율) 지향의 타이어에 사용되고 있는 트레드 고무로 만들어진 볼과 스포츠카에 장착되어 있는 고성능 타이어용 트레드 고무로 만들어진 볼이 있다고 하자. 이 2개의 볼을 1m 높이에서 떨어뜨려 다시 튀어 올라왔을 때의 높이를 알아보면 매우 큰 차이가 난다. 저연비 타이어용 고무가 60cm, 고성능 타이어용 고무가 30cm였다고 하자.

쇠 등의 금속으로 만들어진 볼을 떨어뜨리면 대부분 원래의 높이에 가까운 곳까지 되돌아오나 고무의 경우에는 매우 낮은 높이에 그친다. 왜 이러한 차이가 나는 것일까.

답은 볼이 가지고 있는 운동 에너지의 일부가 손실되기 때문이다. 볼이 바닥에 닿으면 형태가 변화되는데 그에 따라 에너지가 볼 속에 축적되어 다음 순간에 그 에너지가 방출되면서 원래의 형태로 돌아가기 위해 튀어서 되돌아온다. 이 때 쇠구슬의 경우에는 에너지의 대부분이 볼을 다시 튀도록 하는 힘이 되지만 고무의 경우에는 고무 분자가 형태를 변화시키는데 에너지의 일부가 소비되어 되돌아가는 힘이 작아지기 때문이다.

이와 같이 변형에 의해 내부에서 에너지가 사용되어 외관상 에너지를 잃은 듯 보이는 현상을 히스테리시스 로스라고 한다.

이 에너지는 열이 되어 방출되기 때문으로 자동차를 주행한 후 타이어를 만져보면 보면 따뜻하다는 것을 느낄 수 있다. 그립력이 큰 고무는 히스테리시스 로스가 크기 때문에 타이어의 온도가 높아진다. 레이싱용 타이어에 사용되는 고무는 내마모성을 희생해서라도 큰 그립력을 요구하기 때문에 때로는 타이어 자체에서 발생된 열에 의해 고무가 열분해를 일으키는 경우까지 있다.

볼이 튀어 올라간 높이를 떨어뜨렸을 때의 높이로 나누어 백분율(%)로 표시한 것을 **반발 탄성률(Rebound Elastic Modulus)**이라 불린다. 저연비 타이어용 고무의 반발 탄성률은 $(60/100) \times 100$으로 60, 고성능 타이어용 고무는 $(30/100) \times 100$으로 30이 된다. 히스테리시스 로스가 큰 고무일수록 반발 탄성률이 작기 때문에 이 반발 탄성률은 히스테리시스 로스의 크기를 비교할 때의 기준 중 하나가 된다.

고무의 히스테리시스는 이 반발 탄성률로 나타낼 수도 있는데 보통은 손실된 에너지량을 측정하여 전문 용어로 $\tan \delta$ (Tangent Delta)를 사용하여 표시한다.

6-4. 타이어의 구름저항 저감

타이어의 성능④

그립이 좋은 고성능의 타이어는 구름저항이 크다. 연비를 향상시키기 위해서는 타이어의 변형을 작게 하여 히스테리시스 로스를 감소시켜야 한다. 즉, 타이어의 공기압을 높게 하고 많은 짐을 싣지 않는 것이 좋다.

　　타이어의 구름저항이 자동차 연비에서 차지하는 비율은 10% 전후이며, 구름저항의 약 1/2이 트레드 고무의 히스테리시스 로스에 의한 것이기 때문에 대략적으로 설명하자면 연비의 약 5%가 트레드 고무의 히스테리시스 로스에 좌우된다.

　　고무의 히스테리시스 로스는 반발 탄성률에 의해서 대략적으로 알 수 있지만 가장 정확하게는 고무에 연속적으로 진동을 가하여 변형시켰을 때 에너지의 손실량을 측정하고 수식을 사용하여 $\tan \delta$(Tangent Delta)를 구해 그 크기에 따라 판단한다.

　　반발 탄성률과 $\tan \delta$의 관계는 서스펜션 부분에서 서술한 강성과 컴플라이언스와의 관계와 비슷하다. 강성이 변형되기 어려움을 나타내는 컴플라이언스가 강성의 역수로 변형되기 쉬움을 나타내는 것과 마찬가지로 반발 탄성률은 고무의 탄성 정도, 즉 변형이 본래의 상태로 되돌아오기 쉬운 정도를 나타내는 데에 비하여 $\tan \delta$는 고무의 변형이 잘 되돌아오지 않는 성질인 소성(塑性)이 어느 정도인가를 나타낸다.

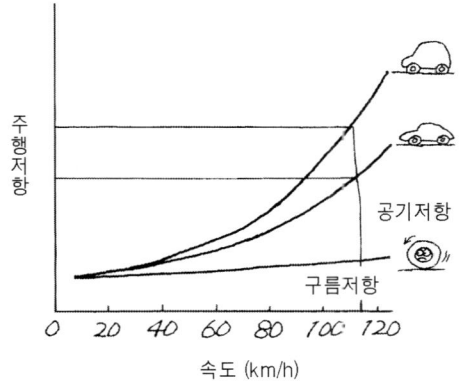

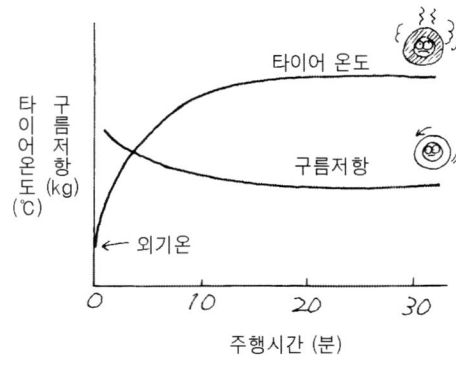

▲ **자동차의 속도와 주행저항과의 관계 :** 타이어의 구름저항은 하중이 클수록 공기압이 낮을수록 크고, 속도의 영향은 거의 무시할 수 있는 정도이다. 주행저항은 구름저항에 공기저항을 더한 것으로 속도가 높아질수록 자동차의 형상에 따라 결정되는 공기저항의 영향을 크게 받는다. 고속주행에서는 주행저항의 대부분이 공기저항이다.

▲ **타이어의 온도와 구름저항의 변화 :** 타이어에 하중을 가하여 굴리면 고무의 히스테리시스 로스에 의해 발생된 열에 의해 타이어의 온도가 높아지기 때문에 그립도 좋아진다. 그 수치가 일정해지는 데는 승용차용 타이어로 15분 정도 소요된다.

일반적으로 이 둘은 강성과 컴플라이언스와 같은 단순한 역수관계가 아니기 때문에 환산하기 위해서는 수식을 사용할 필요가 있는데 어느 것이던 반발 탄성률이 높은 고무는 에너지의 손실이 작기 때문에 $\tan \delta$가 작고, 반대로 반발 탄성률이 낮은 고무는 에너지의 손실이 크기 때문에 $\tan \delta$도 크다.

고무를 손가락으로 누른 느낌으로 표현하자면 $\tan \delta$가 작은 고무는 서로 끌어당기는 힘이 있어 고무다운 감촉을 느낄 수 있는 데에 비하여 $\tan \delta$가 큰 고무는 점토와 같은 느낌으로 손톱을 세우면 그 흔적이 남는다.

구름저항이 작아 연비가 좋은 타이어는 $\tan \delta$가 작은 트레드 고무가 사용되고 있다. $\tan \delta$가 작은 고무를 사용한 타이어는 히스테리시스 마찰력이 작기 때문에 점착 마찰력을 더한 타이어의 총 마찰력이 작다. 따라서 가능한 한 큰 마찰력을 요구하는 고성능 타이어는 $\tan \delta$가 큰 고무를 사용하기 때문에 연비가 좋지 않다.

이와 같이 타이어의 구름저항은 타이어가 구를 때 내부저항이 클수록 크기 때문에 $\tan \delta$가 큰 고무를 사용할 때와 같이 타이어의 변형이 클수록 커진다. 따라서 타이어의 구름저항에 대해서는 다음과 같은 사실을 말할 수 있다.

① 하중이 클수록 타이어의 변형은 커진다. 구름저항은 타이어의 변형에 비례하여 커지기 때문에 연비를 좋게 하기 위해서는 가능한 한 많은 화물을 싣지 않도록 하는 것이 상식적이다.

스페어 타이어를 컴팩트한 전용 타이어로 한 것도 연비를 좋게 하기 위해서이다.

② 하중이 일정한 상태에서 공기압을 높게 하면 변형량이 작아지기 때문에 구름저항도 작아진다. 단, 레이디얼 타이어의 경우는 공기압에 의해 변형되는 것은 사이드 월(Side Wall)의 트레드 부분에 가까운 극히 적은 부분이기 때문에 그 효과는 그다지 크지 않다.

③ 타이어의 온도가 높아지면 구름저항은 작아진다. 이것은 온도가 높아지면 고무 분자의 움직임이 쉬워져, 타이어의 내부저항이 작아지기 때문이다. 승용차 타이어를 일정 속도로 주행했을 때 트레드 고무의 온도가 거의 일정하게 되는 시간은 15분 정도 소요되고 그 사이에 온도가 높아지는 만큼 공기압이 높아지기 때문에 구름저항뿐만 아니라 다른 특성도 변화된다. 주행 전에 타이어의 공기압을 조정할 필요가 있는 것은 이 때문이며, 타이어를 테스트할 때 조건을 일정하고 충분한 길들임 주행을 행하지 않으면 데이터의 불균형이 커져 결과를 신뢰할 수 없게 된다.

④ 트레드가 마모되어 두께가 얇아지면 구름저항은 작아진다. 고무의 양이 적어져 히스테리시스 로스가 작아지기 때문이다. 따라서 히스테리시스 마찰력이 작아지기 때문에 그립성능은 저하된다.

⑤ 승용차용 타이어의 경우 속도의 증가에 따라 구름저항은 커지는 경향이 있으나 120km/h 정도까지는 거의 일정하다고 가정한다. 속도가 140km/h 이상이 되면 바이어스 타이어에서는 **스탠딩 웨이브(Standing Wave) 현상**이 발생하고 구름저항이 급격히 커진다. 레이디얼 타이어는 육안으로 관찰할 수 있는 정도의 스탠딩 웨이브는 발생하지 않지만 변형의 에너지가 속도의 증가와 함께 커지기 때문에 구름저항은 증가한다. 증가 정도는 타이어의 구조와 공기압에 따라 결정되며, 고성능 타이어에서는 속도가 높아져도 구름저항이 증가되기 어렵게 되어있다.

6-5. 타이어의 마찰력과 접지면의 미끄러짐

타이어의 성능⑤

지금까지의 서술한 내용으로 타이어의 접지면에 작용하는 마찰력에는 3가지 종류가 있다는 것을 알았다. 정리하면, ① 구동력 또는 제동력이 가해진 상태에서 구르고 있는 타이어로 공회전을 시작하거나 잠김(Lock) 직전의 상태에 있을 때의 마찰력(**정지 마찰력**). ② 타이어가 공회전하거나 정지되어 노면 위를 미끄러지고 있는 상태에서의 마찰력(**동적 마찰력 = 운동 마찰력**). ③ 타이어가 외부로부터 가해지는 힘에 의해 구르고 있을 때의 마찰(**구름 마찰력 = 구름저항**)이다.

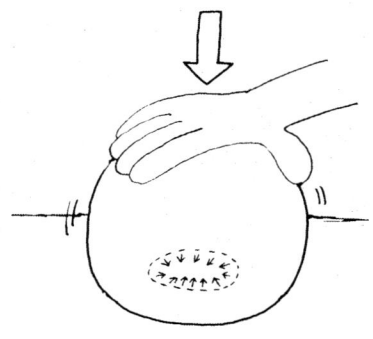

▲ 둥근 고무공을 책상이나 바닥에 누르면 표면의 고무면이 수축되면서 미세한 미끄러짐(마이크로 슬립)을 발생한다. 타이어가 노면 위를 미끄러질 때에도 마찬가지로 마이크로 슬립이 발생되기 때문에 이에 따라 마찰력이 발생한다.

▲ 고무처럼 스프링에 의해 지지된 물체가 미끄러질 때, 그 미끄러지는 속도는 일정하지 않고 빠르게 또는 느리게 진동하면서 미끄러진다. 이와 같은 미끄러짐을 스틱슬립이라 하며, 와이퍼가 작동할 때 가끔 발생하는 작은 떨림도 그 일례이다.

이들 마찰력은 크고 작음에 차이가 있지만 기본적으로 점착 마찰력과 히스테리시스 마찰력으로 나누어 생각할 수 있는데 구체적으로는 어떠한 메커니즘으로 마찰력이 발생하고 있는 것일까. 접지면에서 고무의 미끄러짐에 대하여 조금 더 자세히 알아보자.

알루미늄 주전자와 같이 동그란 몸체에 딱딱한 물건을 부딪치면 움푹 패여 주름이 잡히는데 이것은 둥근 표면이 평평해지기 위해 그 부분이 압축되기 때문이다. 이 표면이 고무로 이루어져 있다면 어떨까. 고무는 쉽게 신축되기 때문에 눈에 보일 정도의 주름은 생기지 않는다. 그러나 면적이 작아지는 것에 변화는 없기 때문에 표면에 가까운 부분이 줄어든다. 그렇게 하면 고무의 표면에 줄어드는 방향으로 미세한 미끄러짐(Micro Slip)이 발생한다.

같은 원리로 둥그렇게 장착된 타이어의 트레드가 노면 위를 구르면 접지면에서는 마이크로 슬립이 발생한다. 이 접지면에서의 미끄러짐에 의해 당연히 점착마찰력과 히스테리시스 마찰력이 동시에 발생한다. 사실, 이것이 타이어의 구름마찰력 즉, 구름저항의 정체인 것이다.

실제 포장된 노면의 세밀한 요철(凹凸)부분은 트레드 고무가 그 틈새를 메워가기 때문에 이에 의해서도 미끄러짐이 발생되는데 이것도 구름저항이 된다. 그러나 타이어의 구름저항은 노면이 불규칙할수록 크다. 같은 상태의 자동차라도 부드러운 노면을 주행할 때에 비해, 요철의 노면을 주행하는 경우에는 연비가 나빠진다.

다음으로, 자동차를 벽에 맞대어 놓던가하여 움직이지 않도록 한 상태에서 타이어에 구동력을 가하였을 경우에 대하여 생각해 보자. 접지면의 고무가 노면의 요철부분으로 파고들기 때문에 타이어를 회전시키려 하는 힘을 가해도 타이어는 간단하게 회전하지 못한다. 그러나 더욱 힘을 가해 어느 한계를 지나면 한 번에 공회전을 시작한다.

이 한계에서 타이어의 접지면에 작용하는 구동력이 앞에서 서술했듯이 타이어의 정지마찰력으로 공회전하고 있는 상태에서 벽을 밀고 있는 힘이 동적(운동) 마찰력이다. 이 타이어가 공회전을 시작하기 직전의 상태에서 공회전하기까지의 접지면이 어떻게 되는 것인지, 트레드 고무의 작은 블록 중 하나에 주목하여 그 움직임을 슬로모션으로 재현해보자.

타이어를 회전하려는 힘이 가해지면 접지면에는 고무를 옆으로 끌어당기려는 힘이 작용하지만 고무는 신축성(伸縮性)이 있기 때문에 노면의 요철 정도에 따라 어느 부분은 미끄러지고 어느 부분은 노면에 파고들어 움직이지 않는 부분도 있다. 힘을 크게 가하면 미끄러지는 부분이 많아져 이와 같은 미끄러짐 힘이 모두 합해져 약간 미끄러진다. 더욱 힘이 커지면 미끄러짐도 더욱 커져 타이어 전체가 공회전을 시작한다.

이때 고무의 미끄러짐은 고무가 팽창하거나 수축되기 때문에 항상 동일하지 않고 빠르게 미끄러지거나 느리게 미끄러진다. 실제 고무의 미끄러짐은 느리게 미끄러지는 상태의 저속 미끄러짐과 빠르게 미끄러지는 고속 미끄러짐이 반복되어 발생되기 때문에 **스틱슬립(Stick-slip)** 이라고 한다.

스틱이라는 것은 스티커와 같이 <붙이다>는 뜻으로, 비가 부슬부슬 내리고 있어 윈드실드가 충분히 젖어있지 않은 상태에서 와이퍼를 움직였을 때에 간혹 발생되는 경우가 있는 부드득부드득하는 작은 진동도 스틱슬립이다.

이와 같이 고무뿐만 아니라 스프링에 의해 지지된 물체가 미끄러질 때 그 미끄러짐의 상태는 한 가지가 아니라 접촉되어 있는 부분이 빠르고 느리면 작은 진동이 발생되면서 미끄러져가기 때문에 이 진동에 의해 소리가 발생하는 것이 일반적이다.

운동화를 신고 반짝반짝하게 닦여진 대리석 바닥 위를 걸을 때 뻑뻑 하는 소리, 코너를 선회할 때의 타이어에서 나는 끼익- 하는 스퀼음(Squeal 音), 급브레이크가 작동되었을 때의 끽- 하는 소리 등 모두 이 스틱슬립에 의해 고무가 진동되어 발생하는 소리인 것이다.

6-6. 마찰 법칙의 타이어 적용

타이어의 성능⑥

고무와 고체 사이의 마찰력은 고체와 고체사이의 마찰력과는 다르게 접촉면적이 클수록 크다. 정적(정지)마찰력이 동적(운동)마찰력보다 크다는 법칙이 고무의 경우에도 해당된다.

홈이 파인 타이어   슬릭 타이어

레이스용 타이어와 마찰력

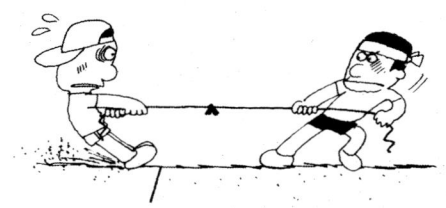

▲ 고무는 일반 고체간의 마찰과는 달리 접촉면적이 넓을수록 큰 마찰력이 발생한다. 따라서 건조한 노면의 레이스에서는 그립력을 최대한으로 높이기 위해 홈이 없는 슬릭 타이어(Slick Tire)가 사용된다. 홈이 있는 타이어는 습한 노면의 전용 타이어이다.

▲ 정적마찰력은 동적마찰력보다 크기 때문에 줄다리기에서 일단 미끄러지기 시작하면 만회하기가 어렵다.

    고무의 움직임을 자세히 살펴보면, 앞서 서술한 바와 같이 실제로 구르고 있는 타이어의 접지면에서는 항상 고무가 움직이고 미끄러지며, 이로 인해서 마찰력이 발생하고 있다. 물리학에서 말하는 정적마찰력과 동적마찰력은 기본적으로 형태가 변화되지 않는 고체에 대해 정의된 것이기 때문에 타이어의 마찰력에 일반적인 마찰에 관한 법칙을 그대로 적용하기는 어렵다.

    고체간의 마찰력에 대해서는 18세기 프랑스 실험물리학자 쿨롱(Charles A. de Coulomb : 1736-1806)이 확립한 3개의 법칙이 잘 알려져 있다. 그 제1법칙은 "마찰력은 그 면에 수직으로 작용하는 힘에 비례하여 외부의 접촉면적에는 관계하지 않는다" 는 것인데 이 법칙은 접촉하고 있는 고체는 전체 면이 찰싹 붙어있는 것이 아니라 정말 접촉되어 있는 것은 극히 작은 점뿐이라는 것을 전제로 한 것이다.

 「서스펜션의 작용」에서 서술한 것과 같이 예를 들어, 평평한 포장도로 위에 벽돌을 놓고 끌어당길 때 접지면이 커지도록 넓은 면을 아래로 놓거나, 반대로 접지면이 적어지도록 세워 놓아도 끌어당기는 힘은 일정하게 된다.

 이것은 포장도로의 표면이나 벽돌의 표면을 볼 때 평평해 보이지만 접촉면을 잘 살펴보면 틈새가 많아 실제 접촉되어 있는 것은 외관상의 접촉면적(Nominal Area of Contact)의 수 백 분의 1에서 수 만 분의 1에 지나지 않으며, 벽돌을 어떻게 놓아도 실제 접촉되는 면적(**실제 접촉 면적, Real Area of Contact**)은 거의 변하지 않기 때문이다.

 실제로 관측되는 마찰력은 실제 접촉면 간에 작용하는 힘이기 때문에 외관상의 접촉면적이 증가되어도 마찰력은 변화되지 않는 것은 당연하다고 할 수 있다.

 포장도로에 벽돌이 아닌 부드러운 고무를 놓아둔 경우는 어떨까. 물론 고무의 전면이 노면과 접촉되는 것은 아니지만 고무는 신축성 때문에 노면에 있는 요철부분의 틈새로 끼어들어가기 때문에 벽돌의 경우와 달리 외관상의 접촉면적이 클수록 실제 접촉면적도 커지며, 당연히 마찰력도 크다.

 따라서 건조한 노면에서의 그립성능을 중요시한 고성능 타이어는 가능한 한 트레드 고무가 큰 면적으로 노면에 접촉되도록 홈이 조금밖에 없으며, 건조한 노면용 레이싱 타이어는 홈이 없는 슬릭 타이어(Slick Tire)가 사용되고 있다.

 일반적으로 홈이 파인 타이어가 마모에 의해 홈이 없어져 겉보기에 슬릭 타이어와 같이 되어 있으면 그립력이 커질 것 같지만 그렇지는 않다. 실제로 접촉면적이 커지는 것이 확실하기 때문에 발생되는 마찰력 중 표면에 작용하는 점착마찰력(Adhesion Friction Force)은 다소 커지는 경향이 있다. 그러나 신제품의 타이어에 비하면 고무의 양이 적기 때문에 히스테리시스 마찰력이 꽤 낮아, 전체의 마찰력은 홈이 깊은 신품 타이어에 전혀 미치지 못한다. 타이어는 마모가 진행됨에 따라 전체의 마찰력이 작아지는 것이다.

쿨롱의 제2법칙은 "동적마찰력은 미끄러짐 속도의 크기와는 관계가 없다" 는 것이며, 제3법칙은 "정적마찰력은 동적마찰력보다 크다" 는 것인데 이들 쪽은 어떨까. 이 두 가지는 모두 크게 중요시하지는 않았으나 미끄러짐이 일정하다는 것을 전제로 하고 있다.

앞에서 서술한 스틱슬립과는 반대의 경우가 되는 것으로 구르고 있는 타이어에 브레이크를 작동시켜 제동력을 점점 크게 한 경우 접지면의 미끄러짐은 어떻게 변화될 것인가.

단순히 타이어가 구르고 있을 때는 노면과의 접촉 상태에 따라 트레드가 있는 부분은 미끄러짐이 크고 어느 부분은 작게 미끄러지면서 타이어가 구르고 있다. 그러나 제동력(Brake Force)이 커지면 부분에 따라 크기의 차이는 있으나 전체가 자동차의 진행방향으로 작게 미끄러지기 시작하여 이 마이크로 슬립에 의해 마찰력 즉, 제동력이 발생된다.

타이어의 경우 이 단계까지의 마찰이 정적마찰이며, 타이어가 제동력에 의해 잠긴 상태(Lock)가 되어 미끄러지기 시작하면 동적마찰이라고 생각한다. 일반적으로 고체의 경우 정적마찰력은 어디까지나 물체는 움직이지 않는 즉, 물체가 움직이기 직전의 힘으로 정의하기 때문에 고무와는 다르다.

고무가 미끄러지기 시작하면 그 미끄러짐을 스틱슬립이라고 생각하여 동적마찰력은 미끄러짐 속도의 크기와는 관계가 없다는 제2법칙을 타이어에 적용시키는 것은 제1법칙과 같이 무리가 있다는 것을 알았다. 단, 제3법칙만은 다음 페이지에서 서술하는 것과 같은 경험적으로 성립된다는 것이 확인되었다.

6-7. 타이어의 슬립비와 마찰력

타이어가 노면에 대해 얼마만큼 미끄러지고 있는가는 슬립률(Slip Rate)로 나타내며, 일반적으로 슬립률 10~15%에서 타이어의 마찰력은 가장 크고 그 이상의 슬립률이 되면 작아지는 경향이 있다.

타이어가 노면에 대해서 얼마나 잘 미끄러지고 있는가를 나타내기 위해서는 노면을 주행하고 있는 속도(자동차의 속도)와 타이어의 접지면이 이동하는 빠르기(= 타이어의 주속도)를 구하여 그 차이를 노면을 주행하는 속도로 나눈 수치를 이용하여 이것을 **슬립비(Slip Ratio)**라 부른다.

예를 들어, 자동차가 30km/h로 진행하고 있는 경우 구동력과 제동력이 가해지지 않고 타이어가 구르고 있는 상태에서는(노면의 진행속도 30km/h − 타이어의 접지면 이동속도 30km/h)/노면의 진행속도 30km/h를 계산하면 슬립비는 0이 된다. 즉, 이 상태에서는 타이어와 노면 사이에 슬립은 없다(실제로는 부분적인 미끄러짐이 있으나 그 방향은 제각각이기 때문에 합계를 0이라고 생각한다).

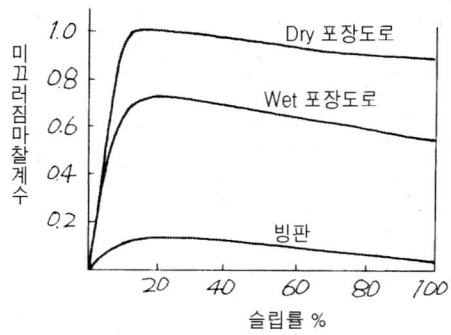

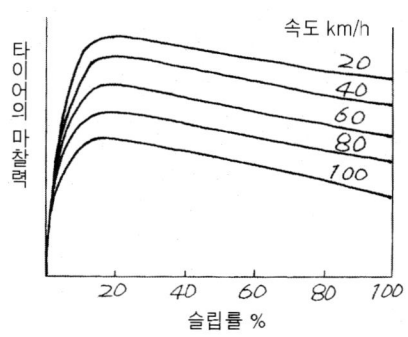

▲ 각종 노면에서의 미끄러짐 마찰계수 변화 : 타이어의 미끄러짐 마찰계수는 노면의 상태에 관계없이 슬립률이 10~15%일 때에 가장 커지며, 그 이상의 슬립률에서는 점차 작아지는 경향이 있다.

▲ 젖은 노면에서의 타이어 마찰력과 슬립률의 관계 : 젖은 노면에서는 속도가 빨라질수록 접지면에서의 배수(排水)가 악화되어 타이어의 마찰력은 작아지고 물의 양이 많으면 수막현상(Hydroplaning)이 발생하게 된다.

다음으로 자동차가 30km/h의 동일한 속도로 진행할 때 타이어가 풀 브레이크(Full Brake)에 의해 회전이 멈춘 상태(잠김 상태)에서 미끄러져 갈 때의 슬립비는 타이어 접지면의 이동속도(= 타이어의 주속도)는 0이기 때문에(노면의 진행속도 30km/h - 타이어의 접지면 이동속도 0km/h)/ 노면의 진행속도 30km/h를 계산하면 슬립비는 1이라는 것을 알 수 있다.

실제로 타이어에 브레이크가 작동되어 잠기지 않고 겨우 미끄러지면서 굴러갈 때의 슬립비는 위의 0과 1 사이의 값이 된다. 예를 들면, 자동차의 속도가 30km/h로 접지면의 이동속도(= 타이어의 주속도)가 브레이크의 작동으로 인해 조금 늦어져 27km/h로 굴러가고 있다면 슬립비는 (30 - 27) / 30 = 0.1로 이 수치가 이때의 슬립비가 되는 것이다.

슬립비는 이것을 100배하여 %로 나타내는 경우가 많으며, 이것을 **슬립률(Slip Rate)**이라고 말한다. 슬립비가 0.1이라면 슬립률은 10%인 셈이다.

여기서, 타이어가 브레이크의 작동에 의해 회전이 멈춘 상태(Lock 상태)에서는 타이어의 접지면 이동속도가 0이라는 견해는 조금 어려울지도 모른다. 타이어를 외부에서 보았을 때 Lock되면서 엷은 푸르스름한 연기를 발생하며 미끄러져 가는 것을 보면 접지면은 앞으로 나아가고 있는 것이 아닌가 라고 생각하는 사람도 있을 수 있다.

그러나 여기서 말하는 접지면의 이동은 이와 같이 외부로부터가 아닌 타이어에서 본 접지면의 이동으로 트레드가 다음에서 다음으로 접지해가는 빠르기 즉, 타이어의 외주 이동속도 = 주속도(周速度)를 가리킨다.

접지면의 타이어 측 이동속도가 주속도이고, 노면 측의 이동속도가 자동차의 속도이며, 접지면에서 쌍방의 속도 차이에 의해 미끄러짐이 발생하는 것이기 때문에 위의 식에 의해 슬립비

또는 슬립률로 그 크기를 나타낼 수 있다.

슬립률과 마찰력의 측정방법에는 여러 가지가 있으나 실제 노면에서 측정하는 예를 들면, 소형버스 정도 크기의 측정 대상 자동차에 회전속도를 자유롭게 변화시킬 수 있는 테스트 타이어를 세팅하여 측정 대상 자동차를 일정속도로 주행시키면서 테스트 타이어의 회전속도를 변화시켜 타이어의 회전력에서 마찰력을, 측정 대상 자동차의 속도와 타이어 회전속도의 차이에서 슬립률을 구하는 양자의 관계를 점검한다.

이와 같이 타이어에 브레이크를 작동시켰을 때의 슬립률과 제동력의 관계를 살펴보면 일반적으로 슬립률이 0~10% 정도까지는 슬립률이 커짐에 따라 제동력도 증가되어 10~15% 정도로 가장 커진(최대 제동력) 뒤, 타이어가 정지 상태(Lock 상태)의 슬립률 100%까지 제동력은 차츰 감소된다.

이와 같이 슬립률이 10~15%로 가장 커지는 것은 이 부근에서 트레드 고무의 마이크로 슬립량이 적당한 정도가 되어 점착마찰력과 히스테리시스 마찰력을 합친 마찰력이 최대가 되기 때문이라고 보여진다. 다시 말하면, 이 부근까지가 고무의 정적마찰 영역으로 이것 이상으로 미끄러짐이 커지면 동적마찰이 되어 마찰력이 작아지는 것이다.

또한, 여기에서는 타이어의 세로방향의 미끄러짐만을 보았으나 트레드에 가로방향의 힘이 가해지는 코너링시에 접지면에 발생하는 **코너링 포스(Cornering Force)**도 마찬가지로 슬립각 10~15°에서 최대가 되는 것도 같은 이유이다.

6-8. 수막현상

타이어의 성능⑧

타이어가 물 위를 미끄러지듯이 진행되는 것은 자주 있는 경우는 아니지만 마모가 진행된 타이어는 수심 10mm 정도에서는 100km/h에 미만의 속도에서도 수막현상(水膜現象)이 발생되는 경우가 있다.

▲ 젖은 노면에서는 트레드가 노면을 탁치고 들어갈 때 대부분의 물은 홈 사이로 들어가지만 트레드 표면과 노면 사이에 물이 남아 그만큼만 그립이 저하되는 것이다.

▲ 트레드 홈의 물을 모두 배출시키지 못하면 타이어는 물 위에 떠 미끄러지듯이 진행을 시작한다. 이것이 수막현상으로 스티어링 휠을 회전시켜도 자동차가 선회하지 않는다.

　지금까지는 주로 건조한 포장도로에서 타이어의 마찰력에 대하여 생각해 왔으나 노면이 젖어 있는 경우에는 어떨까.

　트레드 마찰력의 두 가지 요소인 점착마찰력과 히스테리시스 마찰력 중 점착마찰력은 노면과 트레드의 표면 사이에 작용하는 마찰력으로 노면과 고무분자 사이의 서로 끌어당기는 힘, 응착력(凝着力)을 밀어내려는 힘이 발생한다. 따라서 노면이 젖어있는 경우 즉, 노면과 타이어 사이에 물이 있으면 그만큼 접촉면이 적어짐에 따라 점착마찰력도 작아지기 때문에 타이어의 마찰력은 **히스테리시스 마찰력**에 대한 의존도가 커진다.

　원래, 히스테리시스 마찰력에 대한 의존도가 커진다고 해도 히스테리시스 마찰력은 타이어가 노면에 접촉하여 점착마찰력이 발생하고 고무의 모양이 바뀌기 시작하면서 발생되기 때문에 점착마찰력이 작아지면 그와 함께 작아진다.

　따라서 타이어와 노면 사이가 물의 층에 의해 완전히 분리된 상태에서는 점착마찰력은 제로가 되며, 당연히 히스테리시스 마찰력 및 타이어의 마찰력은 제로가 된다는 것은 두 말할 나위도 없다.

　이 타이어의 마찰력이 거의 제로에 가까운 상태에서 물 위를 미끄러지듯이 진행하는 현상은 **수막현상(Hydroplaning)**이라고 잘 알려져 있다. Hydro는 물을, Planing은 레이스 보드가 스피드를 높임에 따라 수면에 떠오르는 것 등을 뜻하는 것으로, Hydroplaning은 트레드와 노면 사이에 물이 존재하고 있어 타이어가 물위에 떠있는 이미지이다.

　이 수막현상은 어떻게 발생되는지에 대하여 서술하기 전에, 젖은 노면에서 타이어가 어떻게 접지되어 마찰력이 발생하는지를 알아보자.

　빗길 포장도로면의 수막(水膜)은 보통 수 mm 정도이기 때문에 타이어가 물위를 굴러 트레드가 물속에 잠기면 트레드 홈 속으로 물이 들어가 고무 블록이 접지하면서 마찰력이 발생한다. 트레드에는 후방으로 물을 내보내기 위한 세로 홈과 물을 옆으로 튀기는 가로 홈이 설계되어 있는데 모두 홈의 폭이 넓고 깊을수록 배수성이 좋고 큰 마찰력을 얻을 수 있는 것은 당연하다.

젖은 노면의 마찰계수는 자동차의 속도가 빨라짐에 따라 작아진다. 이것은 트레드 접지부분의 바로 위부터이며, 트레드 고무의 블록이 물을 가르며 노면에 접촉되기 때문에 속도가 빨라질수록 블록 앞에 있는 물이 배제되기 어려워져 실제의 접지면적이 점차 작아지기 때문이다.

자동차의 속도가 80km/h 이상이 되면 트레드가 노면을 밀쳐내는 속도는 배수 속도를 웃돌게 된다. 수심이 얕을 때는 물을 갈라 블록의 표면이 노면에 접촉되지만 수심이 트레드의 홈보다 깊을 경우 즉, 수심이 10mm 이상이 되면 트레드가 접지되는 순간에 7~8mm 밖에 안되는 트레드의 홈 속은 물이 가득차기 때문에 블록 아래의 물을 밀쳐낼 수 없어 그대로 잔류하게 된다. 이와 같이 타이어가 완전히 물 위에 떠있는 상태가 Hydroplaning이다.

수막현상은 트레드의 표면이 노면에 접촉되지 않기 때문에 발생하는 것으로 그 발생속도를 높이기 위해서는 트레드의 배수성이 좋은 타이어 즉, 가능한 한 홈이 깊고 홈의 면적이 넓은 타이어를 사용하는 것이다.

승용차 타이어에는 트레드의 홈 깊이가 1.6mm가 되면 홈의 일부가 옆으로 연결되는 **슬립사인(Slip Sign)**이 설계되어 있으며, 법적으로는 홈의 깊이가 1.6mm 이하의 타이어는 사용이 금지되어 있으나, 조금 거센 비(雨)가 올 경우 수심은 금방 2mm 이상이 되기 때문에 슬립사인이 보이는 타이어는 위험하다. 건조한 노면에서의 그립성능도 생각하면, 경험적으로는 홈의 깊이가 4~5mm로 신제품의 1/2이 되면 타이어를 교환하는 것이 이상적이다.

FF형식의 자동차가 고속주행 중에 물웅덩이로 돌진했을 때 엔진의 회전수가 급격히 상승되면 수막현상이 발생되어 타이어가 공회전하고 있다는 증거이다. 타이어의 방향이 바뀌지 않도록 스티어링 휠을 꽉 잡고 액셀러레이터 페달을 느슨하게 하면 물의 저항으로 곧 속도가 내려가 타이어가 노면에 접지된다. 그러나 액셀러레이터 페달을 느슨히 하지 않고 물웅덩이를 통과하여 타이어의 그립이 급히 회복되면 자동차가 이상한 움직임으로 변화될 가능성이 있기 때문에 위험하다.

6-9. 하이퍼포먼스 타이어의 특징

과거에는 타이어의 종류가 극히 한정되어 있었으나, 오늘날에는 승용차 타이어도 용도에 맞게 여러 가지 타이어가 판매되고 있기 때문에 원하는 타이어를 고르는 것이 어려워졌다.

타이어의 성능⑨

타이어를 언뜻 보기에는 트레드 패턴과 사이즈가 다를 뿐 모두 같아 보이지만 승용차용 타이어만 해도 용도에 따라 여러 가지 타이어가 시판되고 있다.

① **표준 타이어** : 일반적인 승용자동차에 장착되어 있으며, 포장도로의 일반주행에 적합한 타이어.

② **하이퍼포먼스(High Performance) 타이어** : 스포츠카와 고급 승용자동차, 튠업된 자동차 등에 사용되며, 최우선적으로 쾌적한 고속주행이 가능하도록 만들어진 타이어.

③ **올시즌(All Seasons) 타이어** : 포장도로의 일반주행에 적합한 타이어를 고속 주행시의 운동성능을 약간 희생시켜 비포장도로와 눈길도 주행할 수 있도록 한 타이어.

▲ Goodyear Tire의 Aqua Tread : 하이퍼포 먼스 타이어라고 하면 홈이 작은 Dry 노면 에서의 그립을 추구한 타이어가 많지만 트 레드 중앙에 배수를 위한 큰 홈을 설치하여 수막현상의 발생 한계를 높이고, Wet 노면 에서 고속주행이 가능하도록 한 타이어가 각 제작사에서 발매되고 있다. 이것은 그 일 례이다.

▲ 표준 타이어와 올시즌(All Season) 타이어의 비교 : 올시즌 타이어(右)와 서비스 프리(Service Free)를 선호하는 선호되는 미국에서 개발되 었고 표준 타이어(左)를 베이스로 홈을 많게 하여 Wet 그립성능이 좋은 고무를 사용함으로 써 눈길도 주행할 수 있도록 하여 1년 내내 같 은 타이어로 주행할 수 있도록 한 것이다.

④ **스터드리스(Studless) 타이어** : 빙설도로 주행용 타이어. 포장도로에서도 물론 사용할 수 있으나 동결된 노면에서의 성능을 우선시하고 있기 때문에 표준타이어에 비해 조종안정성 이 떨어지기 때문에 요주의.

⑤ **모터스포츠용 타이어** : 서킷 주행전용으로 개발된 레이싱 타이어와 자갈길(Gravel Road)용 랠리 타이어 등 경기용 타이어. 각각의 목적에 맞게 특성화된 성능을 가진다.

하이퍼포먼스 타이어(High Performance Tire)는 고성능의 타이어라 불리며, 표준 타이어에 이어 생산량이 많고 타이어의 메이커에서 특히 주력하여 개발하고 있는 카테고리이다. 이 타이 어는 Dry, Wet 모두 포장도로에서도 고속주행이 가능하도록 조종안정성과 고속 내구성을 중 요시하는 사양이 되어 있으나 특히 그립성능을 최우선으로 만들어졌다.

자동차의 운동성능은 4개의 타이어가 접지면에서 발생하는 마찰력의 관계가 어떻게 되어 있는지에 따라 결정되기 때문에 고성능 타이어가 모든 노면에서 가능한 한 큰 마찰력을 얻을 수 있도록 만들어진 것은 당연하다고 할 수 있다.

타이어의 마찰력은 트레드의 접지면에서 발생된다. Dry 노면에서의 그립력을 크게 하기 위 해서는 가능한 한 접지면을 넓게 하고 점착마찰을 크게 하는 것이 이상적이다. 이 궁극적인 모습이 레이스용 **슬릭 타이어(Slick Tire)**인데 이 타이어를 일반도로에서 사용 중에 비가 내리 면 어찌할 도리가 없다.

Wet 노면에서 고속으로 주행하기 위해서는 반대로 가능한 한 홈이 많아 배수성능이 좋은 패턴이 필요하다는 것은 앞에서 서술한 바와 같다. 여기서 그 타이어가 장착되는 자동차의 성격과 요구되는 성능 등 사용조건을 고려하여 어느 정도의 홈을 설계할지를 정하고 그 형태와 배치, 디자인성, 소음 등을 종합적으로 검토하여 트레드 패턴이 결정되어 이에 매칭이 되는 트레드 고무가 조합된다. 물론 트레드 고무를 확실하게 노면에 접촉시켜 마찰력이 소비됨이 없이 휠(Wheel)에 전달되는 타이어의 구조가 중요하다. 따라서 한마디로 하이퍼포먼스 타이어라고 하여도 메이커와 브랜드에 따라 그 성격이 상당히 달라진다.

신차에 장착되는 타이어는 그 자동차로 생각할 수 있는 모든 주행상태에서 원활한 주행이 가능하도록 자동차의 성능과 균형이 잡힌 것을 적용하고 있기 때문에 특히 최근에 출시되는 자동차 중에서는 안전성을 높일 목적으로 Wet 그립을 중요시한 패턴의 타이어가 장착되고 있다.

애프터 마켓의 하이퍼포먼스 타이어에는 신차에 장착된 타이어를 베이스로 하여 비슷한 몇 가지 자동차에도 사용할 수 있도록 한 것과 드라이 그립을 중요시한 홈이 적은 패턴의 타이어가 있으며, 그 선택은 이용자에게 맡겨진다.

히스테리시스 마찰력은 트레드 고무의 $\tan\delta$가 크고 고무의 두께가 두꺼울수록 크다. 단, $\tan\delta$가 크면 열의 발생이 높아지기 때문에 트레드 고무의 두께는 표준 타이어보다 조금 얇게 만들어져 있다. 일반적으로 $\tan\delta$가 큰 고무는 마모에 의해 큰 그립력이 발휘된다고도 할 수 있어 마모성이 쉬운 경향이 있다.

고성능 타이어의 수명은 보통의 사용방법으로 주행했을 때 표준 타이어의 4~6만km에 대해 거의 1/2인 2~3만km 정도밖에 안되며, 빈번하게 빠른 코너링을 하면 겨우 수천 km 주행에도 홈이 없어질 수 있다.

6-10. 스터드리스 타이어와 빙설노면

타이어의 성능⑩

타이어에 한정되지 않고 동결된 노면은 0～-15℃ 정도까지의 매끈매끈한 상태가 가장 미끄러지기 쉽다. 이와 같은 곳에서도 주의 깊게 주행하면 스터드리스 타이어(Studless Tire)는 빙설 노면에서 높은 주파성(走破性)을 가진다.

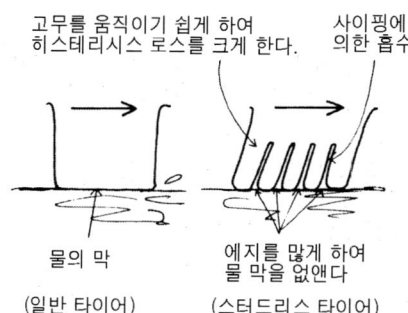

고무를 움직이기 쉽게 하여
히스테리시스 로스를 크게 한다.

사이핑에
의한 흡수

물의 막

에지를 많게 하여
물 막을 없앤다

(일반 타이어)

(스터드리스 타이어)

▲ 스터드리스 타이어는 동결된 노면에서의 그립성능이 우수하지만 표준 타이어와 비교했을 때 표준 타이어로는 위험하여 주행할 수 없는 노면인 경우 주행할 수 있는 타이어를 생각해야 하며, 그 성능을 과신해서는 안 된다.

▲ 타이어가 가장 미끄러지기 쉬운 것은 0℃에서 -15℃의 얼음 표면에 얇은 물의 층이 있는 노면이다. 스터드리스 타이어의 그립성능은 이 물의 층을 어떻게 처리하여 점착마찰력을 얻는가에 달려 있으며, 고무의 블록에 사이핑(Sipping, 촘촘한 홈)을 넣어 에지(Edge)를 많게 하는 것도 이 물의 막을 가능한 한 제거하기 위함이다.

스터드리스 타이어(Studless Tire)의 스터드(Stud)는 압정 또는 작은 못(Spike), 리스(less)는 그것이 없다는 것을 의미한다. 즉, 스터드리스 타이어는 트레드에 압정 또는 스파이크가 없는 타이어라는 것으로 이미 동결된 노면에서 슬립되지 않도록 트레드에 스터드를 심은 **스파이크 타이어(Spike Tire)**가 널리 사용되고 있었으나 이를 대신하여 스터드 없이 빙설노면도 주행이 가능한 스노우 타이어(Snow Tire)를 말한다.

스파이크 타이어로 빙설이 없는 포장도로를 주행하면 스터드의 선단 재료인 초경합금으로 이루어진 징이 횡단보도와 주행차선 등의 노면 위의 표시와 포장도로를 긁어 바큇자국을 만들기 때문에 갓길에 쌓인 분진이 초봄에 대기를 오염시킨다는 이유로 1992년 이후 사용이 금지되었던 적이 있다.

　스터드리스 타이어라고 하여도 코통 타이어와는 다른 특별한 원리로 노면과의 마찰력을 얻는 것이 아니라 점착마찰력과 히스테리시스 마찰력에 의해 노면을 그립하고 있다는 것에 변함은 없다.

　동결된 노면에서의 마찰계수는 물이 얼거나 그것이 녹는 0℃ 전후에서 가장 작아 온도가 낮아질수록 커지기 때문에 문제가 되는 것은 0℃ 전후에서 −15℃까지의 부드러운 빙판위에서의 마찰력이다.

　극지(남극 또는 북극)탐험에서 영하 30℃가 되면 썰매가 잘 미끄러지지 않게 되는데 온도가 낮은 노면은 표면이 까칠까칠해져 거친 상태가 되는 경우가 많아 타이어의 미끄러짐이 문제가 되는 경우는 적다. 특히, 문제가 되는 노면은 스터드리스 타이어로 주행하면서 굳어진 표면이 미끌미끌한 상태의 시내와 근교 도로 특히 교차로와 언덕길이다.

　교차로에서는 브레이크를 작동시켰을 때 타이어가 정지하거나 발진할 때 약간 공회전하는 경우가 많지만 타이어가 얼음 위에서 미끄러지면 눈 위의 스키와 같이 마찰열에 의해 얼음이 녹아 타이어가 지나간 뒤 평평해져 다시 동결이 반복되기 때문에 노면은 잘 닦은 거울과 같이 된다.

　이 현상을 **미러현상(Mirror Effect)**이라고 하는데 이와 같은 노면까지 확실하게 그립시키는 타이어를 만드는 것은 원리적으로는 가능하지만 특수한 고무를 사용할 필요가 있어 그 밖의 노면을 주행할 때 문제가 크기 때문에 실용성이 낮다.

노면의 동결을 방지하기 위한 대책은 수 십 년 전부터 여러 가지 방법이 제안되고 있으며, 중요한 도로와 교차로의 노면이 동결되지 않도록 하는 것이 최선책일 것이다.

이러한 동결된 노면에서의 점착마찰력을 조금이라도 크게 하도록 트레드에 사이핑(Sipping)이라 불리는 촘촘한 홈을 무수하게 넣어 고무를 부드럽게 하여 접촉면적을 증가시키거나 고무에 기포를 넣어 트레드가 마모되어도 항상 표면이 까칠까칠하게 되도록 하거나, 식물섬유와 나무 열매를 넣어 조금이라도 얼음에 걸리는 것을 만드는 연구를 한 타이어가 만들어지고 있다.

히스테리시스 마찰력을 높이기 위해 $\tan\delta$가 큰 고무가 사용되고 있는 것은 물론이나 고무는 일반적으로 온도가 낮아지면 단단해지는 성질이 있기 때문에 저온에서도 부드러움을 유지하는 특수한 고무가 사용되고 있다.

스터드리스 타이어도 보통 타이어와 마찬가지로 브레이크를 작동시킬 때의 제동력은 정지하면 작아진다. 스터드리스 타이어를 잘 사용하는 비법은 가능한 한 <급(急)>조작을 하지 않는다는 한마디로 끝낼 수 있지만 히스테리시스 마찰력은 점착마찰력이 있어 처음으로 생기는 것을 생각하면 가능한 한 표면에 걸림이 있는 노면을 선택하여 천천히 주행한다는 것에 한정되어야 한다.

스터드리스 타이어의 수명은 이와 같이 특수한 트레드 고무를 사용하고 있어 일반적인 방법으로 사용할 경우 표준 타이어(4~6만 km)에 비해 거의 2/3인 3~4만km 정도 밖에 안 되고, 그 중 실제로 빙설 위에서 사용할 수 있는 것은 약 2만 km 내외가 일반적이다.

스터드리스 타이어의 트레드 고무는 원래 부드럽고 $\tan\delta$가 크기 때문에 열 발생이 높아 표준 타이어와 비교하면 조종안정성이 낮아지고 고속주행에 적합하지 않다. 스노우 시즌별로 새로운 스터드리스 타이어로 바꾸는 것도 하나의 방법이지만 스터드리스 타이어는 겨울만 사용하고 봄에는 표준 타이어로 바꾸는 것이 좋다.

7-1. 브레이킹의 의미

브레이크는 주행 중인 자동차의 운동 에너지를 열에너지로 변환하는 장치라고도 할 수 있다. 발생한 열이 얼마나 빠르게 처리되는가에 따라 브레이크의 성능이 결정된다.

   브레이크는 엔진, 타이어와 함께 자동차에 없어서는 안 될 중요한 장치 중 하나이다. 엔진으로 타이어를 회전시키고 자동차를 주행하는 것이 가능해도 멈출 수 없다면 이동수단으로 성립되지 않는다.

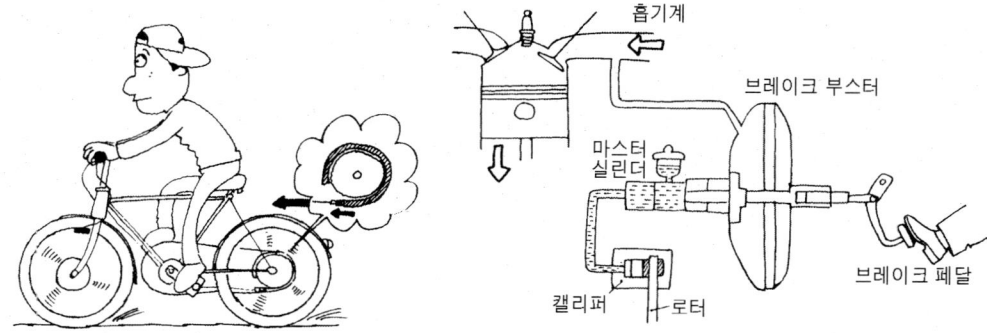

▲ 자전거의 브레이크도 자동차의 브레이크와 같은 원리로 제동력을 얻고 있다.

▲ 제동력 증대 시스템 : 브레이크의 성능을 좋게 하기 위해 엔진이 공기를 빨아들이는 힘을 이용하여 운전자가 브레이크 페달을 밟는 힘을 크게 하는 것이 브레이크 부스터(Brake Booster)이다. 주행 중에 엔진을 멈추면 브레이크의 성능이 매우 나빠지게 된다.

초기의 자동차에도 마차에서 계승된 차륜을 누르는 간단한 브레이크가 장착되어 있었다. 그러나 브레이크 성능이 낮은 자동차는 위험하여 빠르게 주행할 수 없기 때문에 자동차 설계자들은 앞 다투어 성능이 좋은 브레이크 개발에 몰두하게 되었다.

그 결과, 1910년경까지의 자동차에는 구동축에 장착되어 있던 드럼의 회전을 멈추는 풋(Foot) 브레이크와 뒷바퀴의 브레이크 드럼(Brake Drum)에 브레이크 슈(Brake Shoe)를 압착시키는 핸드 브레이크(사이드 브레이크)의 2계통 브레이크가 갖추어지게 되었다.

이 두 가지의 브레이크는 한눈에 보면 오늘날의 브레이크 시스템과 같아 보이지만 사용방법은 전혀 다르며, 주로 사용되었던 것은 핸드 브레이크로 풋 브레이크는 긴급용으로만 사용되었다. 풋 브레이크에서 큰 제동력이 발생되면 구동축과 차동장치(Differential Gear)에 부하가 가해져 구동계통을 손상시킬 우려가 있었기 때문이다.

또한, 브레이크가 장착되었던 것은 뒷바퀴뿐이었는데 이것은 와이어(Wire)와 로드(금속 막대)만으로 힘을 전달하는 브레이크 시스템으로는 앞바퀴와 뒷바퀴의 제동력이 균형을 이루는 것이 어렵기 때문으로 현재와 같이 앞·뒷바퀴 동시에 브레이크가 작동될 수 있도록 한 것은 유압식 브레이크(Hydraulic Brake)가 실용화된 1920년대가 되어서 부터였다.

자동차의 브레이크 성능에서 중요한 것은 브레이크 페달을 밟는 정도에 따라 운전자가 기대하는 만큼의 브레이크가 작동되어야 한다는 것이다. 그 자동차의 최고속도에 따라 어떠한 속도에서도 브레이크 페달을 약하게 밟으면 약한대로, 강하게 밟으면 강한대로 브레이크가 확실하게 작동되어야 하지만 그와 동시에 어떠한 상황에서도 뒷바퀴가 앞바퀴보다 먼저 잠겨(Lock)

서는 안 된다.

이 말은 타이어가 Lock 상태(잠김 상태)로 미끄러지기 시작하면 그 마찰력은 구르고 있을 때의 마찰력보다 작아지기 때문에 코너링 중에는 물론 조금이라도 자동차의 방향이 바뀌려는 상태에서 뒷바퀴가 먼저 잠기게 되견 자동차는 회전(Spin)하는 경우가 있어 매우 위험한 상황에 빠질 수 있기 때문이다.

그렇다고 하여 마찰력이 충분히 커지지 않은 상태에서 앞바퀴가 잠기게 되면 브레이크로 사용할 수 없게 된다. 노즈(Nose)가 주욱 내려가는 것으로 알 수 있듯이 브레이크가 작동되면 하중이 앞바퀴에 많이 가해져 그만큼 앞바퀴의 마찰력이 커지기 때문에 자동차의 전체 제동력의 측면에서 볼 때 앞바퀴가 뒷바퀴보다 중요한 것이다.

어떠한 상태에서의 브레이킹이라도 앞·뒷바퀴가 동시에 잠기는 것이 이상적이기 때문에 오늘날의 자동차는 가능한 한 이에 가깝도록 앞·뒤의 균형을 이루어 앞바퀴가 뒷바퀴보다 성능이 좋거나 한계에 도달하면 약간 빨리 정지하도록 조정되고 있다.

승용차의 브레이크에는 자동차의 속도를 컨트롤하기 위한 **서비스 브레이크(Service Brake)** 와 주차중에 자동차가 움직이지 않도록 하는 **파킹 브레이크(Parking Brake)**가 있다. 서비스 브레이크에는 **디스크 브레이크(Disk Brake)와 드럼 브레이크(Drum Brake)**가 있으며, 스포티한 자동차에서는 4바퀴 모두 디스크 브레이크가 일반적이지만 상용차는 앞·뒤 제동력의 균형과 가격을 고려하여 뒷바퀴에 드럼 브레이크를 적용하고 있는 경우도 있다.

서비스 브레이크는 타이어와 함께 회전하는 디스크(원반)와 드럼에 마찰재(패드와 브레이크 슈)를 밀어붙여 그 마찰력에 의해서 속도를 낮추는 장치이다. 에너지로 말하자면 자동차의 운동에너지를 마찰을 이용하여 열에너지로 바꾸는 장치라고도 할 수 있다. 운동에너지는 중량에 비례하고 속도의 제곱에 비례하여 커지기 때문에 자동차가 무겁고 속도가 빠를수록 강력한 브레이크가 필요하며, 발생하는 열도 커진다.

브레이크에서 중요한 것은 발생하는 열을 어떻게 처리하는가이다. 브레이크를 작동시켰을 때 발생한 열을 가능한 한 빠르게 없애지 않으면 열이 축적되어 온도가 점점 올라간다. 브레이크의 부품은 온도가 높아져도 작동하도록 되어 있으나 지나치게 혹사시키면 그 한계를 넘으면 브레이크가 작동되지 않는다.

7-2. 브레이크의 메커니즘

제동과
조향②

주행 중에 사용되는 서비스 브레이크에는 드럼의 내측을 슈로 밀어붙이는 드럼 브레이크(Drum Brake)와 주철의 원판을 패드(Pad)에 끼우듯이 이루어져 있는 디스크 브레이크(Disk Brake)가 있는데 디스크 브레이크가 냉각성이 더 좋다.

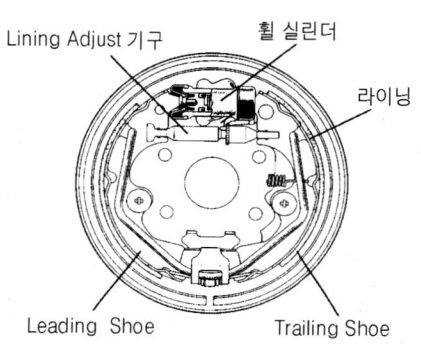

▲ 드럼브레이크의 구조 : 이 리딩 트레일링 형식 브레이크(Leading Trailing Type Brake)는 그림에서 좌측이 앞이라고 하면 전진시에는 리딩 슈 쪽이, 후진시에는 트레일링 슈 쪽이 보다 큰 제동력을 발생한다.

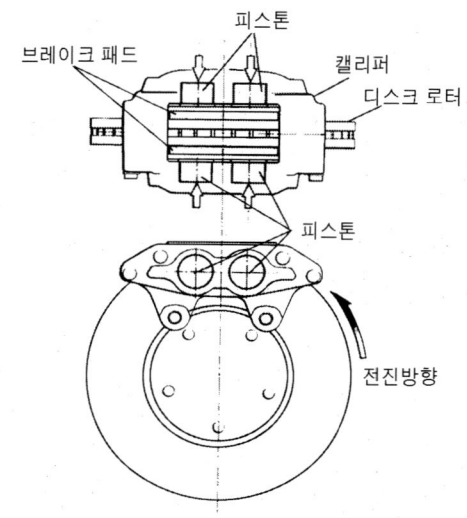

▲ 디스크 브레이크의 구조

  승용차 브레이크는 작동방법에 따라 분류하면 풋 브레이크와 손으로 조작하는 핸드 브레이크(사이드 브레이크)가 있으며, 구조에 의해 분류하면 드럼 브레이크와 디스크 브레이크가 있다.

  드럼 브레이크는 초기의 자동차에서부터 오랫동안 사용되어 온 브레이크로 냄비와 같은 형태의 주철로 만들어진 원통형의 드럼 내측에 서로 마주보게 설치되어 있는 2개의 초승달 모양의 **브레이크 슈(Brake Shoe)**라는 마찰재를 압착시켜 제동력을 얻는 것이다.

  마찰재는 **아스베스토스(Asbestos, 석면)**에 충전재를 첨가하여 내열성이 좋은 페놀수지 등 열을 가하면 단단해지는 성질을 가진 수지로 굳힌 것이 오랫동안 사용되어 왔다.

아스베스토스는 광물에서 채굴하여 얻을 수 있기 때문에 저렴하며, 철과의 마찰계수가 비교적 크고 내열성이 좋으며 열을 잘 전달하지 않아 부품의 온도가 잘 올라가지 않는다는 점 때문에 브레이크슈의 소재로는 안성맞춤의 성질을 가지고 있다. 그러나 그 분말에 발암성분이 함유되어 있다는 것이 알려져 석면을 함유하지 않는 비석면계(Non-asbestos)의 슈(Shoe)로 전환되었다.

디스크 브레이크는 디스크 로터라 불리는 주철제 원판의 양측에 브레이크 패드로 압착시켜 제동력을 얻는 것으로 로터가 언제나 대기중에 노출되어 있기 때문에 드럼 브레이크보다 방열성(放熱性)이 좋다는 것이 특징이다.

브레이크는 자동차의 운동에너지를 열에너지로 바꾸는 장치이기 때문에 브레이크를 강하게 작동시키면 많은 열을 발생한다. 바꾸어 말하면 좋은 브레이크일수록 대량의 열을 발생시키기 때문에 그 열을 어떻게 효율이 좋은 상태로 방열하는가에 따라 브레이크의 성능이 결정된다고 해도 좋다.

방열성을 좋게 하기 위해서는 디스크의 폭을 넓게 하고 내부를 공동(空洞)으로 한 **벤틸레이티드 디스크(Ventilated Disc)**도 있지만 가장 효과가 있는 것은 디스크를 크게 하여 열의 방출이 쉽도록 한 것이다. 외경(外徑)을 크게 하면 원판의 중심으로부터 먼 곳에 패드를 끼우게 되어 지렛대의 원리에 의해 보다 큰 제동력을 얻을 수 있다는 일석이조의 효과를 얻을 수 있는 것이다.

승용차의 스포츠 버전에 평균 사양보다 1인치 또는 2인치나 외경이 큰 휠이 적용되고 있는 것은 이와 같이 브레이크 성능을 향상시키기 위해서이며, 로 프로파일 타이어(Low Profile Tire : 편평률 0.6~0.65 정도로 폭이 좁은 타이어)를 장착하여 외관을 좋게 하는 것만이 목적은 아니다.

자동차의 중심을 낮추기 위해 타이어의 외경을 억제하고 큰 그립력을 얻기 위해 트레드 폭을 넓게 하며, 브레이크 성능을 높이기 위해 휠의 지름을 크게 하면 타이어는 로 프로파일이 될 수밖에 없다. 자동차의 운동성능을 추구한 결과 생겨난 것이 초편평 타이어로 그 기능미가 우리에게 매력을 느끼게 해주는 것이다.

패드(Pad)의 마찰재는 마찰력이 크고 그 힘이 열에 의해 변화되지 않으며, 방열성이 좋아야 하는데 보통의 논아스베스트계 패드는 열에 의해 분해되기 쉬운 유기물의 섬유를 수지로 굳혀서 만들며, 마찰면의 온도가 높아지면 재질이 변화되어 마찰계수가 작아지게 된다.

또한, 고온이 되면 마찰재가 열에 의해 기화되어 가스가 되고 디스크와의 접촉 면적이 작아져 마찰계수가 현저히 저하된다. 이 현상을 **페이드(Fade)**라고 하며, 긴 내리막길에서 브레이크를 빈번하게 사용하여 내려가거나 와인딩 로드(Winding Rod)로 브레이크를 많이 사용했을 때에 발생하는 경우가 있다. 브레이크의 성능이 나빠지게 되면 자동차의 속도를 낮추어 브레이크 계통을 냉각시키는 것이 필요하다.

제동력은 브레이크 액으로 충전(充塡)된 파이프에 연결되어 있는 피스톤에 의해 전달된다. 브레이크 페달을 밟으면 주사기와 같은 원리로 마스터 실린더 속의 피스톤을 밀어 높아진 브레이크 액의 압력으로 슈와 패드가 압착되어 제동력이 발생되는 것이다.

브레이크 액도 열에 강한 액체로 만들어지고 있으나 너무 고온이 되면 끓으면서 기포가 발생하여 압력이 높아져도 그 기포가 터지는 것에 의해 힘이 전달되지 않게 된다. 이 현상은 **베이퍼 록(Vapor lock)**이라 불리며, 페이드와 마찬가지로 브레이크를 혹사시켰을 때에는 주의가 필요하다.

7-3. 잠김 방지 브레이크 시스템(ABS)

ABS는 운전자의 패닉 브레이크(Panic Brake : 급제동) 작동에 의한 타이어 잠김 (Lock) 방지와 위험 회피를 위한 급격한 스티어링 휠 조작의 위험을 회피하기 위해 개발된 것으로, 잠기지 않을 정도로 제동거리를 짧게 하는 것이 가능하다.

운전자는 위험한 사태에 직면하게 되면 먼저 브레이크 페달을 밟지만 그 제동력이 너무 크면 타이어의 잠김(Lock) 현상이 발생된다. 타이어의 회전이 멈추면 스티어링 휠은 전혀 움직이지 않게 되어 운전자는 자동차의 진행 방향을 컨트롤할 수 없게 된다. 예를 들어 펌핑 브레이크 (Pumping Brake)라는 기술을 알고 있어도 패닉상태에서는 이것을 완전하게 사용할 수 있는 사람은 아마 없을 것이다.

이러한 때에 타이어의 Lock을 방지하여 운전자가 스티어링 휠의 조작으로 위험을 회피할 수 있도록 하는 것을 목적으로 개발된 것이 Anti-lock Brake System, 줄여서 **ABS**이다. ABS 는 작동을 시작하여 완료될 때까지의 타이어와 노면상태에서 얻을 수 있는 최단의 제동거리에 서 정지할 수 있다는 장점도 있다.

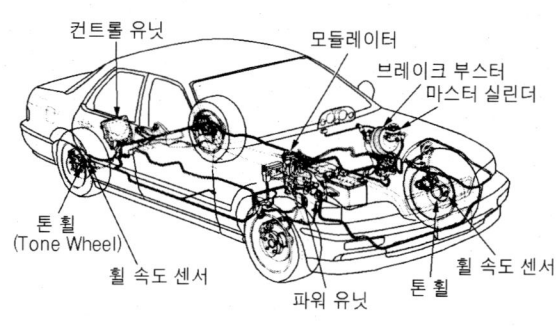

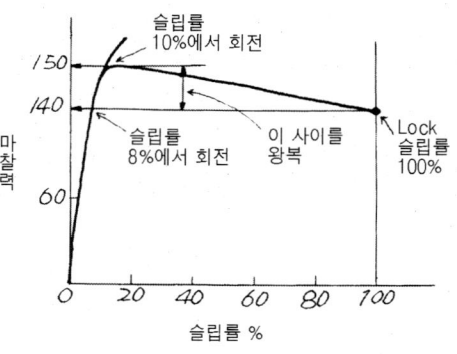

▲ Anti-lock Brake System 구성   ▲ Anti-lock Brake System 작동

　이것은 브레이크가 작동된 타이어에서는 슬립률이 10~15%일 때 노면과의 마찰력이 최대가 되며, 그 이상의 제동력이 가해지면 타이어가 Lock되어 마찰력도 작아진다는 현상을 이용한 것이다.

　즉, 브레이크가 작동될 때 타이어가 회전하고 있는지를 체크하고 타이어가 Lock되면 곧 브레이크의 작동을 느슨하게 하여 타이어의 회전을 회복시켜 항상 슬립률이 10~15%의 최대 마찰력을 얻을 수 있도록 하는 장치라고 할 수 있다.

　젖은 상태의 노면에서 μ(마찰계수)가 0.5, 하중이 300kgf인 경우를 예로 들어 그 원리를 구체적으로 알아보자. 이때의 타이어 최대 마찰력은 300 × 0.5로 150kgf이다. 슬립률은 10%로 하며, 타이어의 마찰력은 슬립률 10%까지는 슬립률에 비례하여 커지고 타이어가 정지된 스키드(Skid) 상태에 있을 때의 마찰력을 120kgf이라고 한다.

　브레이크 페달이 조금 밟혀 타이어에 60kgf의 제동력이 발생한다면 이에 따라 60kgf의 마찰력이 발생된다. 이때의 슬립률은 4%이다. 마찬가지로 제동력을 90kgf으로 하면 90kgf의 마찰력이 발생하는 것과 같이 제동력이 150kgf, 슬립률 10%까지는 제동력과 같은 마찰력이 타이어에 발생한다.

　그러나 타이어에 최대 마찰력이 150kgf 이상일 경우를 예로 들어 160kgf의 제동력이 발생하면 타이어의 최대 마찰력을 초과하는 힘이기 때문에 타이어는 Lock되고 슬립률은 단번에 100%가 되어 마찰력은 120kgf으로 내려간다.

　일반적인 브레이크 시스템이라면 운전자가 브레이크를 해제시키지 않는 한 타이어는 정지된 상태가 되지만 ABS의 경우 운전자가 같은 힘으로 브레이크 페달을 계속 밟고 있는 상태에서도 타이어의 회전을 회복시킨다.

　즉, 타이어의 Lock을 감지한 휠 속도 센서는 이것을 컴퓨터(컨트롤 유닛)에 전달하여 컴퓨터의 지령에 의해 자동적으로 브레이크를 해제시키는 것이다. 이 경우 타이어가 회전하고 있는 상태에서 120kgf의 마찰력을 발생하는 것은 슬립률 8%이기 때문에 제동력이 작아져 슬립률이 8% 이하가 되면 정지되어있던 타이어는 다시 회전을 시작한다.

타이어가 회전하기 시작하는 것은 휠 속도 센서를 통해 다시 컴퓨터로 전달되고 운전자가 브레이크 페달을 같은 160kgf로 계속 밟는다면 그 제동력이 다시 더해진다. 슬립률은 10%를 넘어 타이어는 정지하고 다시 브레이크를 해제시키는 작동이 운전자가 제동력을 150kgf 이하로 완화할 때까지 계속 반복적으로 이루어진다.

이 사이의 타이어 슬립률에 주목하면 타이어가 회전상태와 정지 상태를 반복하는 사이에 최대 마찰력이 발생하는 슬립률 10%의 전후를 왕복하고 있다는 것을 알 수 있다.

즉, ABS는 노면의 μ가 어떤 조건이라 해도 운전자가 브레이크 페달을 강하게 밟는 것만으로도 그 때의 최대 마찰력을 얻을 수 있어 최단거리에서 정지시킬 수 있다. 특히 제동력 컨트롤이 어려운 μ가 낮은 젖은 노면과 동결된 노면에서 유효한 시스템이다.

단, 착각해서는 안 될 것은 어디까지나 그 때의 타이어와 노면의 상태에서 가장 짧은 거리에서 정지한다는 것일 뿐 ABS에 의해 브레이크의 성능 그 자체가 향상되는 것은 아니다. 패닉 브레이크로서 위험을 회피하려는 목적으로 개발된 장치이기 때문에 평상시의 운전에서는 가능한 한 ABS가 작동되지 않는 운전이 바람직하다.

또한 ABS에는 브레이크 페달이 작은 진동을 발생케 하여 ABS가 작동하고 있다는 것을 운전자에게 알리는 **킥백(Kick Back)**이라는 장치가 장착되어 있다.

7-4. 스티어링 휠과 조향

스티어링 시스템은 스티어링 휠을 돌린 속도로 돌린 정도만큼 정확하게 자동차의 방향이 변환되는 기능이 필요한데 동시에 적절한 조향력과 확실한 응답성 등 운전자의 감성에 어필할 수 있는 것이 요구된다.

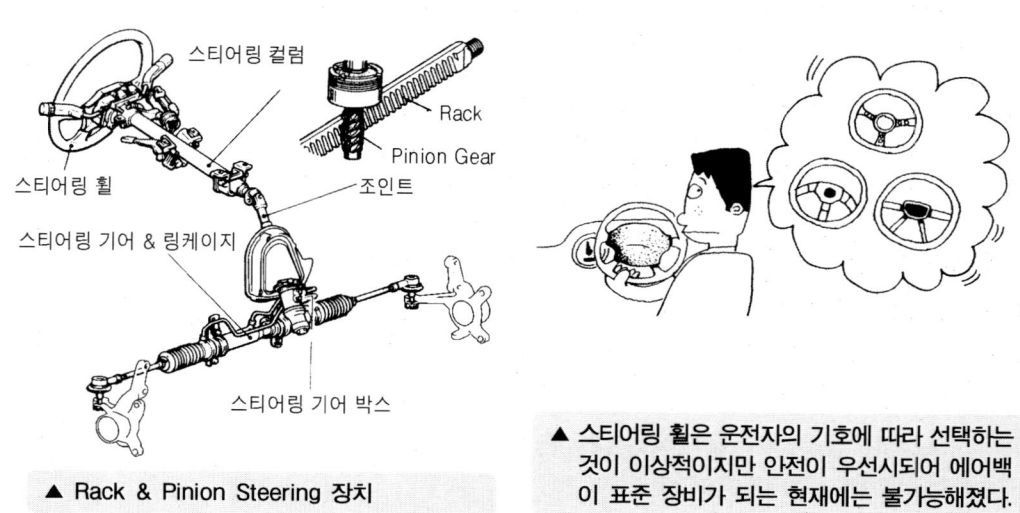

스티어링 컬럼
Rack
Pinion Gear
스티어링 휠
조인트
스티어링 기어 & 링케이지
스티어링 기어 박스

▲ Rack & Pinion Steering 장치

▲ 스티어링 휠은 운전자의 기호에 따라 선택하는 것이 이상적이지만 안전이 우선시되어 에어백이 표준 장비가 되는 현재에는 불가능해졌다.

초창기 자동차를 살펴보면 앞바퀴의 방향을 변환시키는 것은 틸러(Tiller)라는 봉이나 오늘날에도 사용되고 있는 스티어링 휠로서 앞좌석의 중앙이나 왼쪽에 설치되어 있다. 현재는 좌측통행으로 오른쪽에 스티어링 휠이 설치되어 있는 국가는 일본과 영국, 오스트레일리아 등 극히 일부이며, 우측통행인 국가는 모두 왼쪽에 스티어링 휠이 설치되어 있는데 이렇게 정착된 것은 세계최초의 양산차인 T형 Ford가 좌측 핸들을 적용한 후 他 메이커가 이를 따랐기 때문이라고 한다.

초기의 자동차는 우선 연속하여 주행이 가능한가가 문제였고 스티어링 휠은 방향만 변환할 수 있다면 충분했으며, 정확한 조향을 요구하게 된 것은 자동차의 경주가 왕성해져 자동차의 조종안정성이 의식되기 시작해서 부터이다.

현재의 조향장치는 운전자가 의도한대로 자동차가 정확하고 쾌적하게 주행을 할 수 있는 기능을 요구한다.

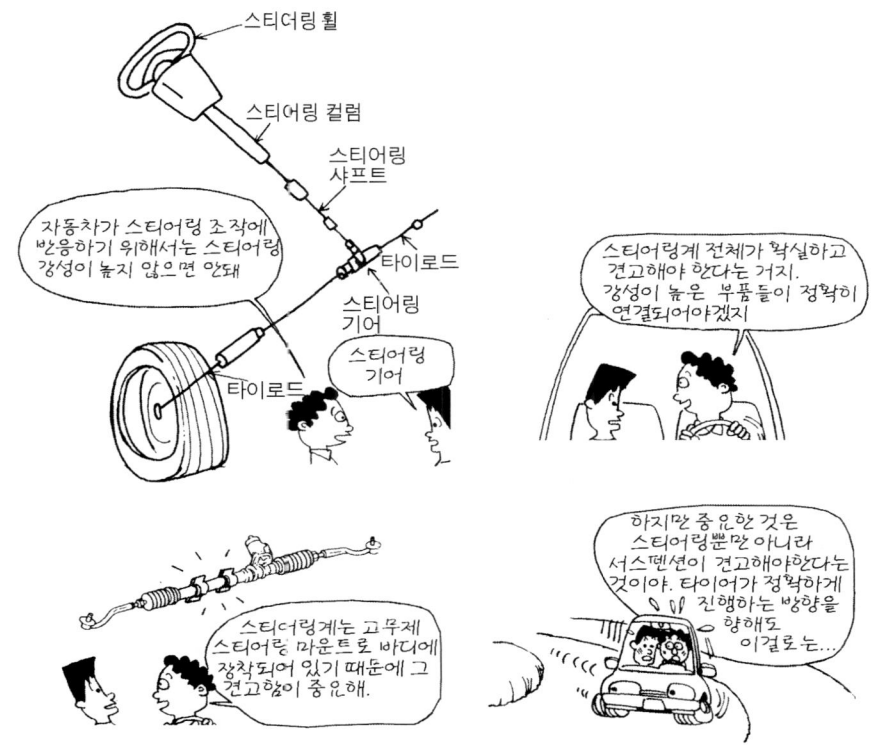

우리가 운전할 때는 자동차가 지금 어떠한 상태에 있는지를 눈으로 보고 귀로 듣고 몸으로 가속도와 진동 등을 통해 느끼며, 대응하고 있으나 뭐니 뭐니 해도 중심이 되는 정보는 스티어링 휠의 감각에 따른 대응이다. 또한, 자동차의 조종안정성과 운동성능은 핸들링 성능이라고도 불리는데 스티어링 휠의 응답에 따라 어떻게 조작할 것인지가 자동차의 움직임을 거의 결정하는 것이다.

운전자의 조향감을 결정하는 요소 중 하나는 스티어링 계통의 강성이다. 스티어링 휠이 조작되었을 때 그 움직임이 정확하게 타이어에 전달되어 곧바로 자동차에 반응이 나타나지 않으면 운전자는 핸들링의 지연이나 응답성이 없음을 느끼는 것이다.

타이어의 주행방향을 바꾸는 장치인 스티어링 계통을 간략히 보면 운전자가 스티어링 휠을 돌리면 그 회전력은 먼저 **스티어링 샤프트(Steering Shaft)**를 통해 **스티어링 기어 박스(Steering Gear Box)**로 전달된다. 이 기어박스 속에서 회전의 움직임이 좌우 직선방향의 움직임으로 바뀌어 좌우의 타이로드(Tie-rod)가 그 움직임을 **너클(Knuckle)**에 전달하여 타이어의 방향이 변환된다.

이들 부품은 모두 금속의 봉으로 연결되어 있어 확실한 핸들링을 얻기 위해서는 각각의 강성이 높은 것이 필요하지만 동시에 각각의 부품(Parts)을 연결하는 조인트가 견고한 것이어야 한다. 특히 타이로드의 양 끝에 장착되어 있는 **볼 조인트(Ball Joint)**는 타이어의 상하·좌우의 움직임에 따르면서 조향력을 전달하기 위해 부드러우면서도 높은 강성이 요구된다.

경주용 자동차에서는 볼 조인트의 재질이 고무와 수지가 아닌 스테인리스강 등의 견고한 금속으로 만들어진 필로 볼(Pillow Ball)이라는 조인트를 사용하여 스티어링의 응답성을 높이고 있다. 이것으로 조종안정성은 매우 좋아지지만 노면에서의 킥백이 커지기 때문에 일반자동차에는 사용하지 않는다.

또한 스티어링 계통의 전체는 **스티어링 마운트(Steering Mount)**라는 고무 부시(Bush)를 사이에 두고 바디(Body)에 설치되어 있다. 급격하게 코너링을 하였을 경우와 같이 스티어링 조작에도 바디가 따라오지 않는 느낌을 없애기 위해 스티어링 마운트를 견고하게 하여 스티어링 계통의 강성을 높이는 것이 튠업(Tune-up) 중 하나로 이루어지고 있다.

이렇게 하여 스티어링 계통의 강성을 높였을 때 문제가 되는 것이 서스펜션으로 특히 뒤차축 서스펜션과의 강성에 대한 균형이다. 타이어가 좋은 타이밍으로 정확하게 운전자가 바라는 방향으로 향하는 슬립각에 따라 코너링 포스가 발생하여도 이 힘을 서스펜션이 확실하게 받쳐주지 않으면 의미가 없다. 특히 뒤차축의 서스펜션은 앞차축의 서스펜션과 균형을 이루는 강성을 대비하지 않으면 자동차의 움직임이 뒤죽박죽이 된다.

스티어링 휠의 굵기(두께)는 운전자 손의 크기와 매치(Match)가 되는 것이 이상적으로 안정감과 부드러운 조작성이라는 측면에서 고급감을 원한다면 큼직하고 무거운 스티어링 휠이 좋으며, 스포츠 주행과 같이 신속한 조작이 가능하도록 외경이 작고 가벼운 스티어링 휠이 좋다.

스티어링 휠을 운전자의 기호에 맞도록 교환하는 경우도 자주 있었으나 에어백이 표준 장비가 되는 현재에는 그것이 어렵게 되었다.

7-5. 스티어링 계통의 구조

조향장치에는 구조가 간단하고 가격도 저렴하여 대부분의 자동차에 적용하고 있는 랙 앤 피니언(Rack & Pinion)식과 질 높은 조향감(Steering Feeling)을 얻을 수 있는 리서큘레이팅 볼(Recirculating Ball)식이 있다.

스티어링 장치의 종류에는 몇 가지가 있는데 모두 조향력을 가하는 스티어링 휠과 실제로 타이어의 방향을 바꾸는 부분의 구조는 거의 동일하기 때문에 스티어링 휠의 회전을 감속하고 회전운동을 좌우 직선 운동으로 변환하는 **스티어링 기어 박스(Steering Gear Box)**의 형태에 따라 분류된다.

현재 사용되고 있는 형식은 대부분의 자동차에 적용되고 있는 **랙 앤 피니언(Rack & Pinion) 식**과 유럽의 일부 자동차에 사용되고 있는 볼 스크루 또는 볼 너트 형식으로도 불리는 **리서큘레이팅 볼(Recirculating Ball)식** 줄여서 RB식의 두 가지 형식이다.

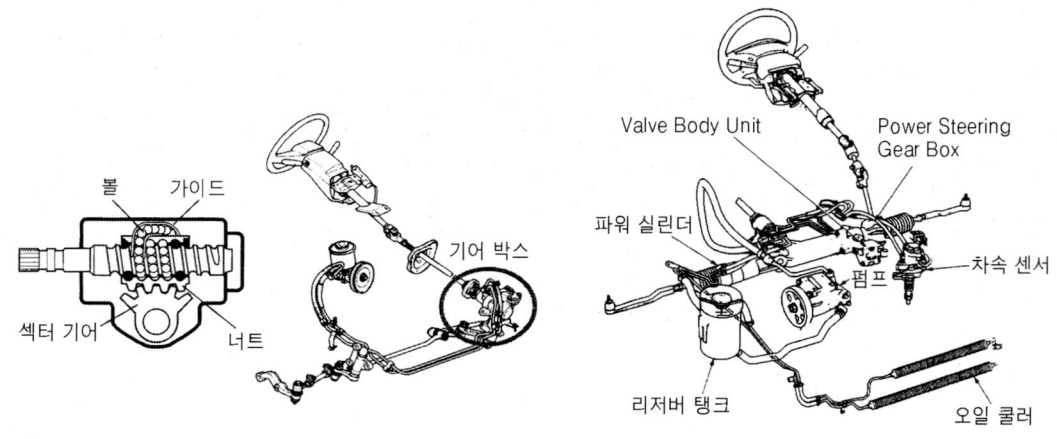

▲ 리서큘레이팅 볼식 스티어링 장치의 기어박스　　　▲ 파워 스티어링 시스템의 구성

랙 앤 피니언식의 랙(Rack)는 선반을 의미하며, 봉에 기어가 조각되어 있는 것으로 피니언 기어가 이 래크에 맞물려 있어 스티어링 휠의 회전이 피니언 기어에 전달되어 랙이 좌우로 움직이고 양 끝에 설치되어 있는 타이로드 엔드에 의해 타이어의 방향을 변환시킨다. 간단한 구조로 비용도 저렴하기 때문에 현재 주류를 이루는 방식이다.

스티어링 휠과 타이어가 거의 다이렉트(Direct)로 연결되어 있어 정교한 느낌을 받을 수 있으나 반대로 타이어가 충격을 받으면 스티어링 휠에 충격이 전달되는 킥백(Kick Back)이 강한 경향이 있다.

RB식 기어박스는 조금 복잡한 구조로 이루어져 있다. 스티어링 샤프트(Steering Shaft)의 앞쪽에 나선모양의 홈을 파고 이 샤프트가 정확하게 결합시킬 수 있는 크기의 실린더를 준비하여 그 내측에 샤프트의 홈에 대응하는 나선모양의 홈을 판다. 샤프트를 실린더에 끼워 맞추고 홈 속에 볼(강구)을 넣으면 기어박스의 본체가 완성된다. 즉, 샤프트와 실린더 홈에 들어간 볼이 둘을 연결하여 홈 속을 흐르도록 움직이는 구조로 이루어진 것이다. 리서큘레이팅(순환) 볼식이라는 명칭은 이러한 이유에 의해 호칭되는 것이다.

스티어링 휠에 의해 샤프트가 회전되면 너트에 볼트를 비틀어 끼우는 것과 같은 원리로 실린더가 샤프트에 따라 움직인다. 실린더의 외측에 기어를 조각해 두고 이에 교차되는 다른 기어를 치합시키면 회전의 감속됨과 동시에 방향이 다른 회전이 나타난다. 이 회전을 기어를 사용하여 좌우방향의 움직임으로 변환함으로써 타이어의 방향을 변환시키는 것이다.

랙 앤 피니언식과 같은 다이렉트감은 없으나 그만큼 노면에서의 킥백이 작아 질 높은 조향감을 얻을 수 있다는 것이 특징이다. 현재의 조향시스템은 이와 같은 장치에 의해 직접 타이어의 방향을 변환시키는 경우는 적고 대부분이 유압 또는 전기를 이용하여 스티어링 조작력을 가볍게 하는 **파워 스티어링(Power Steering)**이 적용되었다.

　이것은 여성 운전자가 증가된 것도 이유 중 하나인데 베이스가 되는 자동차의 경량화는 계속 진행되고 있으나 장비의 충실화에 의해 많은 부품(Parts)이 추가되면서 중량이 증가된 것에 의한 영향이 크다. 또한 그립이 좋은 고성능의 타이어가 장착되어 운전자가 스티어링 휠을 이용하여 타이어의 방향을 변환시키거나 타이어가 원래 방향으로 돌아오려는 것을 억제할 때 팔의 힘이 필요하기 때문이기도 하다.

　파워 스티어링의 종류에는 유압식, 전동식, 양자를 병용하는 전동유압식이 있으며, 모두 운전자가 스티어링 휠로 직접 조향은 하지만 그 조향력을 이들의 동력(Assist力)에 의해 보완하는 구조로 되어 있다. 스티어링 휠에 스위치를 설치하여 리모컨으로 조향하면 좋을 것 같지만 파워 스티어링이 고장이 나는 경우 손을 쓸 수 없기 때문에 유압과 전력의 힘만을 이용하는 것이다.

　스티어링의 무게는 좁은 장소에 주차하려고 할 때는 너무 무겁고 고속도로를 주행하는 경우에는 가볍다. 이것은 슬립률에서 서술한 타이어 트레드의 이동속도와 관계되어 있다. 즉, 자동차의 속도가 저속인 상태에서 조향하였을 경우 트레드가 노면에 접촉되어 있는 시간이 길기 때문에 접지면을 밀어내는 힘이 필요하지만 고속에서는 접지면과의 접지 시간이 짧아 그 힘이 필요 없기 때문이다. 파워스티어링도 저속에서는 어시스트력이 크고, 고속이 될수록 작아지게 되어 있다.

7-6. 4륜 조향 시스템

제동과 조향⑥

앞 타이어의 방향이 변환되면 코너링 포스가 발생되어 자동차의 주행방향이 바뀌기 시작하고 뒷바퀴에 코너링 포스(Cornering Force)가 발생한다. 이 작은 타임래그 (Time Lag)를 없애 조종안정성을 향상시키는 구조가 4WS 이다.

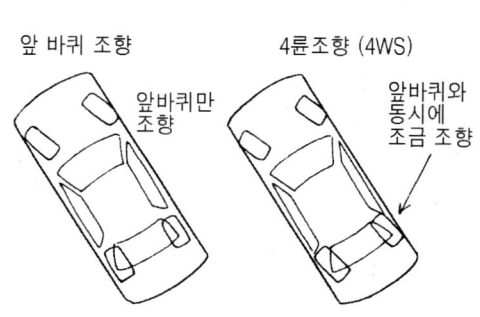

앞 바퀴 조향   4륜조향 (4WS)

앞바퀴만 조향

앞바퀴와 동시에 조금 조향

▲ 드럼브레이크의 구조 : 4륜 조향 시스템은 앞바퀴의 조향과 동시에 뒷바퀴를 조향하여 고속주행시의 조종성을 향상시킴과 동시에 횡풍(橫風)을 받았을 때 등 외력에 대해서 도 약간의 스티어링 휠의 수정 조작으로 대응할 수 있도록 한 것이다.

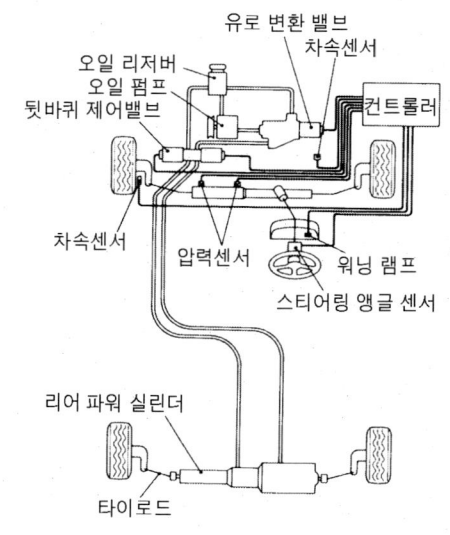

유로 변환 밸브
오일 리저버
오일 펌프
차속센서
컨트롤러
뒷바퀴 제어밸브
차속센서
압력센서
워닝 램프
스티어링 앵글 센서
리어 파워 실린더
타이로드

▲ 미쓰비시의 Active 4WS System 구성

4륜 조향 시스템은 Four Wheel Steering System을 줄여 **4WS**라 한다. 보통의 자동차가 앞바퀴만으로 조향하는데 비하여 뒷바퀴도 조향하여 운동성능을 한층 높이려고 하는 목적으로 개발된 것인데 어떠한 구조로 어떠한 특징이 있을까.

스티어링 휠을 돌리면 타이어의 방향이 바뀌고 코너링 포스가 발생하여 자동차의 진행방향이 변환되는데 이 때 앞 타이어(Front Tire)의 움직임과 뒤 타이어(Rear Tire)의 움직임을 잘 관찰하면 먼저 앞 타이어의 방향이 바뀌고 뒤이어 자동차의 방향이 바뀜과 동시에 뒤 타이어의 방향이 변환된다는 것을 알 수 있다. 즉, 코너링 포스는 앞·뒤 타이어에 동시에 발생하는 것이 아니라 뒤 타이어의 코너링 포스가 앞 타이어보다 한 박자 늦게 발생한다.

바꾸어 말하면 앞 타이어는 운전자의 의사에 따라 스티어링 휠을 적당히 돌려 자동차를 원하는 방향으로 향하게 하여 슬립각이 형성되고 코너링 포스가 발생한다. 이에 비해 뒤 타이어는 앞 타이어의 코너링 포스로 인해 차체의 방향이 변환된 시점에서 슬립각이 형성되어 코너링 포스가 발생한다. 즉, 뒤 타이어의 코너링 포스는 운전자의 의사보다 자동차의 특성에 따라 자동적으로 정해진다.

운전자는 코너링시 앞 타이어가 얼마나 코너링 포스를 발생하는가와 동시에 한 박자 뒤에 자동차의 방향이 변환되는 것에 따라 뒤 타이어가 얼마나 코너링 포스를 발생할지를 예측하면서 스티어링 휠을 조작하는 것이다. 그 예측이 틀려 운전자가 예상하지 못했던 방향으로 자동차가 변환을 한다면 그 자동차는 조종성이 나쁘다는 뜻이 된다.

고속으로 주행할 때 FF 자동차에 비해 FR 자동차가 주행 컨트롤을 하기 쉬운 것은 FR 자동차의 경우 앞 타이어의 코너링 포스는 스티어링 휠의 조작에 따라 뒤 타이어의 코너링 포스는 타이어에 가해지는 구동력을 조정하는 것에 의해서 어느 정도 컨트롤할 수 있기 때문이다.

반대로 FF 자동차는 스티어링 휠을 얼마나 돌리는가와 액셀러레이터 페달을 얼마나 강하게 밟느냐에 따라 앞 타이어의 코너링 포스 크기가 변화되지만 이에 대응하여 뒤 타이어를 직접 컨트롤할 준비는 사이드 브레이크를 당기는 정도밖에 없어 그만큼 컨트롤하기가 어렵다.

모두 앞 타이어의 조향에 따라 차체의 방향이 변환되면서 뒤 타이어에 코너링 포스가 발생하지만 서스펜션의 배치와 부시(Bush)의 견고함을 연구하고 이 힘을 이용하여 뒤 타이어의 방향을 원하는 방향으로 변환할 수 있다는 것은 컴플라이언스 스티어에서 서술하였다. 여기에서 한발 더 나아가 적극적으로 뒤 타이어에 슬립각을 주어 조종안정성을 향상시키려는 것이 4WS이다.

4WS에서 뒤 타이어의 조향에는 **동위상(同位相)**과 **역위상(逆位相)** 두 가지가 있다. 동위상이라는 것은 자동차의 조종안정성을 개선할 목적으로 개발된 것으로 스티어링 휠을 돌렸을 때 앞 타이어와 뒤 타이어를 같은 방향으로 동시에 조향하는 방식이다. 즉, 원래 뒤늦게 발생하는 뒤 타이어의 코너링 포스를 앞 타이어와 동시에 발생시키는 것이다. 이렇게 하면 운전자가 스티어링 휠을 돌리면 자동차가 곧바로 그 방향을 향하여 진행하기 때문에 특히 고속의 코너링과 고속 주행에서의 차선변경이 안정적으로 이루어질 수 있어, 횡풍(橫風)에 의한 외력에 대해서도 스티어링 휠을 약간의 조작으로 수정하여 대처할 수 있게 된다.

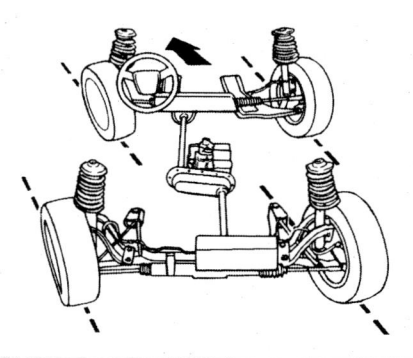

▲ 동위상 조향

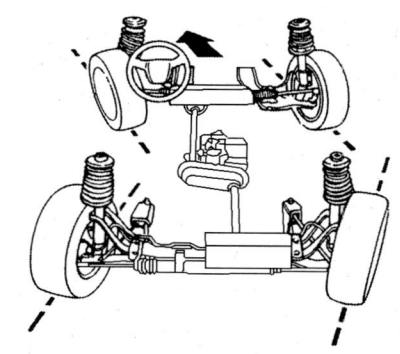

▲ 역위상 조향

역위상은 저속으로 코너링 할 때 뒤 타이어를 앞 타이어의 반대방향으로 조향하여 회전반경이 작은 선회가 되도록 한 것이다. 단, Nissan의 Super Hicas와 같이 스티어링 휠을 돌렸을 때의 자동차의 움직임을 보다 신속하게 이루어지도록 하기 위해 스티어링 휠을 돌리는 순간 역위상으로 하며, 동위상으로도 코너링을 할 수 있는 시스템도 개발되고 있다.

어느 쪽이든 4WS는 특히 고속으로 주행할 때 효과가 기대되는 시스템으로 상당히 복잡한 메커니즘이 사용되고 있다는 것을 생각하면 Speciality Car(쿠페, 컨버터블 등)에 적용될 것으로 실용 자동차에 대한 보급까지는 아니라고 생각된다.

Innovation for Humanity

NGV Next Generation Vehicle Technology

원천 / 기반 기술 경쟁력 확보 및 우수인재 육성

- 국내외 대학 연구개발 네트워크 구축 및 산학 활성화
- 산학연 협력 원천/선행기술 개발
- 자동차 지식정보 컨텐츠 개발
- R & D 전문 인력 양성 (연구장학생)
- 자동차 전문기술교육
- 미래자동차 기술공모전 시행
- 수소 연료전지 자동차 모니터링 사업 (교육/홍보)

현대 기아차
차량 시스템 기술연구 개발

공동 연구 / 기획 / 조정 / 운영
우수 R&D 전문인력 육성

NGV

산학연 연구협력 네트워크 구축

국내외 대학

차세대 신기술 연구

부품 / 벤처기업
핵심 부품개발

정부출연연구소

NGV (주)엔지비   대표전화 : 02-870-8000 홈페이지 : www.ngvtek.com

전문기술교육 과정

기초공학

엔진/변속기
- 자동차 공학 입문
- 자동차 공학
- 연소공학
- 기초 엔진공학
- 디젤엔진
- 변속기 시스템 개론
- 변속시스템 성능이론
- 파워트레인 윤활 및 마찰

NVH
- 차량진동소음 기초이론
- 차량 NVH 설계
- 엔진구조 및 NVH

차체/섀시
- 차체 및 섀시구조 입문
- 섀시구조
- 기계요소 설계
- 유한요소 해석 (FEM)
- 차량 동역학
- 차량내구 분석
- 차체구조 설계
- 현가장치 설계
- 차량 다물체 동역학해석 실무
- 능동섀시 설계
- FMEA

인간공학
- 인간공학 및 설계
- 감성공학
- 디자인과 감성공학
- 디자인 트랜드 및 실무
- UI 및 디스플레이

전기/전자
- 자동차 전기전자 제어장치 입문
- 마이크로 프로세서
- 마이크로 컨트롤러 응용
- 전동기 기초 및 자동차용 전동기
- 전기전자공학 이론 및 실제
- 센서 및 계측공학
- CAN시스템 이론 및 설계
- 실시간 운영체계 (OSEK-OS)

선행개발
- 하이브리드자동차 개론
- 연료전지 이해
- 플라스틱 성형 이해
- 자동차용 금속재료
- 파손 분석

통계/품질공학
- 엔지니어를 위한 통계
- 제품개발 설계품질 최적화
- 실험계획법 및 품질공학

R&D관리
- 신상품 개발기획
- 공학회계
- TRIZ
- 린방식 신제품 개발
- R&D전략 전문가육성과정
- 연구원을 위한 마케팅

R&D핵심기술

기술경영
- R&D 기획관리
- 기술경영 개론
- 기술로드맵 작성 실무
- 미래기술예측
- 기술가치평가
- 기획전략전문가

친환경기술
- 가솔린엔진 Emission Control
- 디젤엔진 Emission Control
- 녹색성장과 자동차
- 저탄소 엔진개발
- 전기자동차 개론
- BMS
- 미래형 대체 에너지
- 자동차 엔진시스템

자동차 제어
- 제어공학
- 차량 전자제어기 (ECU) 이해 및 설계
- 변속기 제어기술
- 시스템 모델링 및 제어기 설계
- 자동차 전자제어
- 섀시 제어시스템 공학
- 모터 및 제어시스템

하이브리드
- 에너지저장장치
- HEV 제어시스템
- 회생제동
- 전기에너지변환장치 설계
- 성능예측·시뮬레이션
- 동력전달분배 및 시스템 설계
- 구동용 전동기의 설계 및 특성해석

전장SW
- SW 테스트 일반
- 임베디드 SW 테스트
- SW 테스트 설계 기법
- CMMI
- 소프트웨어 신뢰성 공학
- 소프트웨어 요구공학
- 임베디드 소프트웨어
- 기초 C 프로그래밍
- RTOS 이해와 활용
- 임베디드 GUI 프로그래밍
- 임베디드 C코드 최적화

인간공학
- 인간공학 전문가

충돌안전
- 충돌안전 전문가

생산기술
- 산업공학
- 전기공학
- 소성가공
- 금속재료
- 스폿용접
- 기술경영
- 절삭가공
- 서보제어
- 프레스성형
- ERP이론
- 공정설계
- 기계설계
- 메카트로닉스
- 정밀가공
- 주조공학
- 통계학
- 자동제어
- 에너지기술

현업특화

차량기술
- 표준 소프트웨어 플랫폼
- 차량 전자제어기 이해 및 설계
- 차량용 통신시스템 이해
- 자동차 기초물리 및 역학
- 자동차용 유체기계이론
- 피로 강도론
- 계측신호 분석

- 충돌데이터 분석을 위한 DIADEM 기초 및 응용
- 기초생체역학 및 더미상해 특성 이해

전자개발
- 전자회로의 설계 및 분석
- 고급 마이크로 컨트롤러 응용

환경기술
- 전력반도체 응용

특허
- 우수발명 과정
- 특허분쟁예방 과정

의장
- 기초 전기전자 공학

P / T
- 기하학적 공차설계
- LabVIEW를 통한 측정 및 시험자동화
- Matlab / Simulink 입문
- Matlab / Simulink기반 섀시제어 시스템 설계

◈ **섀시는 이렇게 되어있다**

정가 19,000원

2010년 2월 10일 초 판 발 행	原 著 : 사와타리 쇼지 / GP기획센터	
2026년 1월 10일 제1판3쇄발행	編 譯 : **NGV** ㈜ 엔 지 비	
	발 행 인 : 김 길 현	
	발 행 처 : (주) 골든벨	
	등 록 : 제 1987-000018 호	
	ⓒ 2010 *Golden Bell*	
	I S B N : 978 - 89 - 7971 - 873 - 7	

㉾ 04316 서울특별시 용산구 원효로 245 (원효로1가 53-1)
TEL : 영업부 (02) 713-4135／편집부 (02) 713-7452 ● FAX : (02) 718-5510
E-mail : 713-4135.naver.com ● http : // www.gbbook.co.kr
※ 파본은 구입하신 서점에서 교환해 드립니다.